Inhaltsverzeichnis

W0376939

© 2008 Oldenbourg Schulbuchverlag GmbH

Bist du noch fit? ...

❶ Plusaufgaben – Addieren

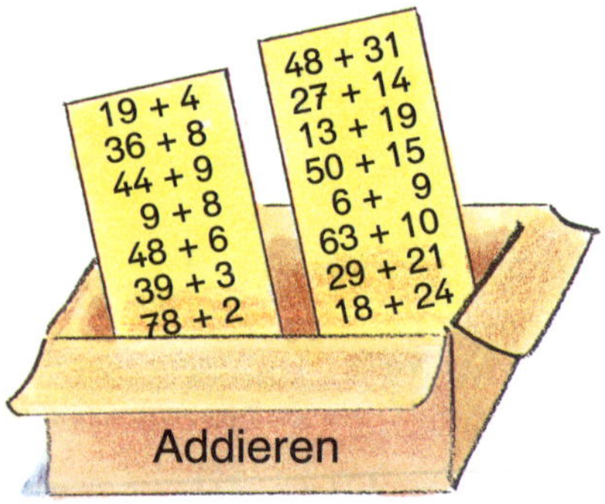

+	2	12	22	42
7				
17				
27				
47				

+	9	19	29	39
6				
26				
46				
56				

❷ Minusaufgaben – Subtrahieren

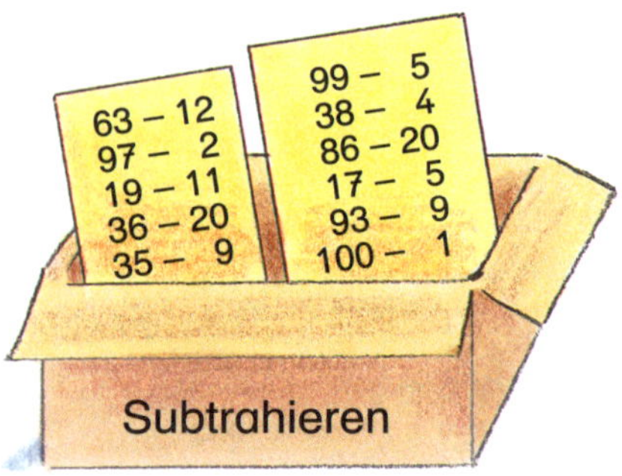

–	4	14	24	34
6				
26				
46				
66				

–	5	25	35	55
13				
63				
73				
93				

❸ Plus- und Minusaufgaben – Addieren – Subtrahieren

+	5		7	
	8			
8		33		
			50	
38				75

–	6	36		27
9				
69			62	
6				
	70			

–				
87				51
76			49	
65		47		
54	45			

❹ Überlege zuerst: Welche Mauer hat die höchste Zielzahl?

© 2008 Oldenbourg Schulbuchverlag GmbH

Bist du noch fit?

❶ Malaufgaben – Multiplizeren

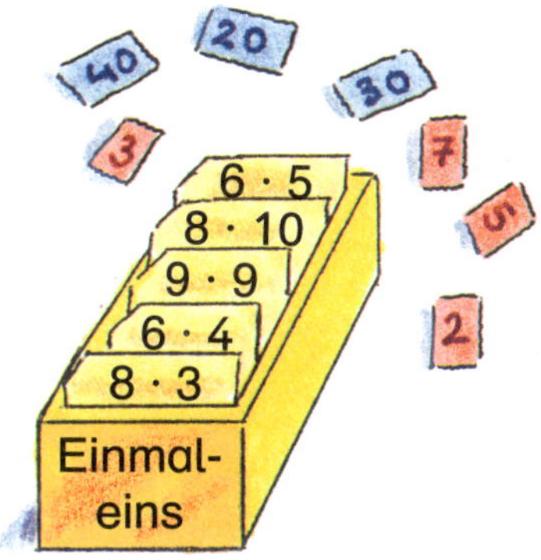

·	2	4	8
2			
4			
5			
8			
10			

·	3	6	9
2			
3			
5			
6			
10			

❷ Baue aus 2 Kernaufgaben die obere Malaufgabe.

6 · 3 = ___
5 · 3 = ___ 1 · 3 = ___

4 · 7 = ___
2 · 7 = ___ 2 · 7 = ___

3 · 7 = ___
1 · 7 = ___ 2 · 7 = ___

___
6 · 6 = ___ 2 · 6 = ___

___
1 · 8 = ___ 2 · 8 = ___

___
2 · 9 = ___ 5 · 9 = ___

❸ Löse die Aufgaben. Wie kannst du zerlegen?

6 · 7 = ___
5 · 7 = ___ 1 · 7 = ___

8 · 7 = ___
7 · 7 = ___ 1 · 7 = ___

3 · 7 = ___
2 · 7 = ___ 1 · 7 = ___

7 · 4 = ___
___ ___

7 · 6 = ___
___ ___

7 · 9 = ___
___ ___

❹ Rechenrätsel: Schreibe zu jedem Rätsel die passende Rechnung.

Wenn ich von meiner Zahl 20 subtrahiere, erhalte ich 48.

___

Wenn ich zu meiner Zahl 48 addiere, erhalte ich 100.

___

Wenn ich 8 mit meiner Zahl multipliziere, erhalte ich 40.

___

© 2008 Oldenbourg Schulbuchverlag GmbH

Wer erzählt was?
Male Text, Frage und Ergebnis mit der gleichen Farbe an.

Wir sind mit einer Sesselbahn auf einen Berg gefahren. Meine Eltern mussten je 8 € bezahlen, ich die Hälfte.

Wir sind mit einem Bus nach Spanien gefahren. Im Bus waren 12 Kinder und 36 Erwachsene.

An unserem Strand waren viele Muscheln. Mein Bruder hat 37 Muscheln gefunden, ich 22.

Für unser Grillfest haben wir 30 Würstchen besorgt, damit jeder 3 Würstchen essen konnte.

Bei unserer Radtour sind wir am 1. Tag 4 h gefahren, am 2. Tag doppelt so lang und am 3. Tag von 9 Uhr bis 13 Uhr.

Ich war im Zeltlager. In der 1. Woche waren wir 48 Kinder, in der 2. Woche nur noch 23 Kinder.

Wie viele Personen waren im Bus?

Wie viele Personen waren beim Grillfest?

Wie viel mussten wir insgesamt bezahlen?

Wie viele Stunden sind wir insgesamt gefahren?

Wie viele Kinder sind nach der 1. Woche heimgefahren?

Wie viele Muscheln waren das insgesamt?

10	16	20	25	48	59

© 2008 Oldenbourg Schulbuchverlag GmbH

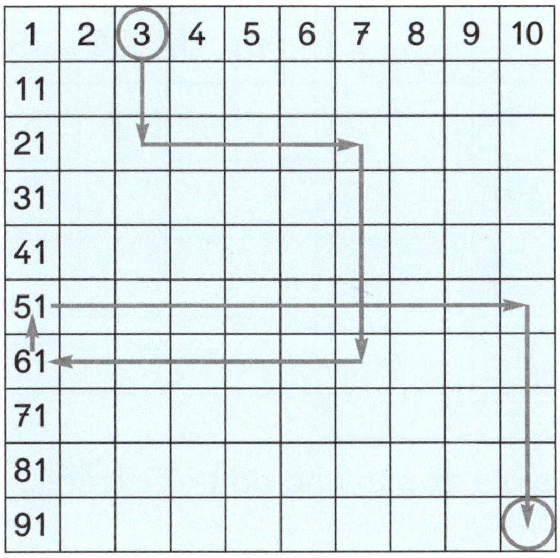

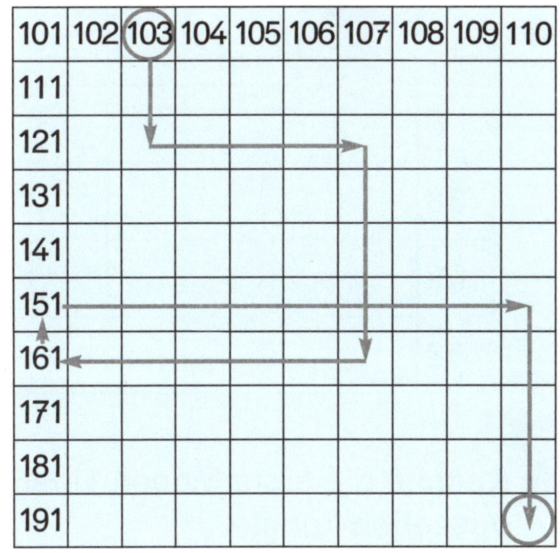

❶ Schreibe den eingezeichneten Weg auf.

a) 3 (+20) 23 (+) ☐ (+) ☐ (–) ☐ (–) ☐ (+) ☐ (+) 100

b) 103 (+20) 123 (+) ☐ (+) ☐ (–) ☐ (–) ☐ (+) ☐ (+) 200

❷ Zeichne die Wege farbig ein. Trage die Ergebniszahl ein.

a) rot:

5 (+30) (+3) (–20) (–6) (+60) (+8) ☐

105 (+30) (+3) (–20) (–6) (+60) (+8) ☐

b) blau:

100 (–8) (–10) (+4) (–40) (+4) (+20) ☐

200 (–8) (–10) (+4) (–40) (+4) (+20) ☐

c) grün:

9 (+30) (–7) (+60) (+5) (–10) (+3) ☐

109 (+30) (–7) (+60) (+5) (–10) (+3) ☐

❸ Simsalas Rätsel für Bim

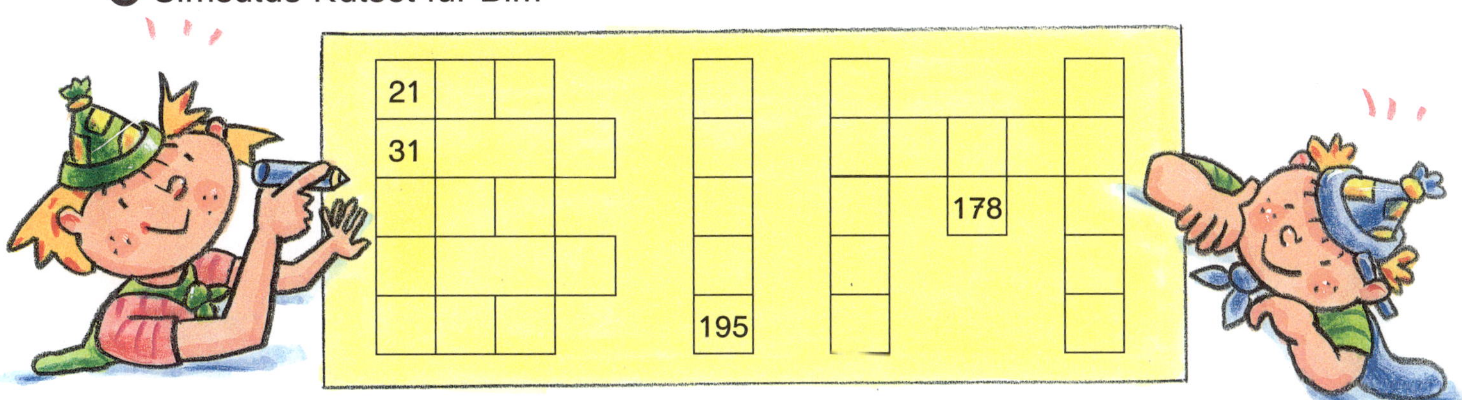

Wie heißen die fehlenden Zahlen?

© 2008 Oldenbourg Schulbuchverlag GmbH

❶

+	2	12	22	5	25	45
8						
38						
108						
138						

−	4	24	54	9	39	59
78						
178						
67						
167						

❷ Rechne die erste Mauer. Überlege dann, wie die zweite und dritte Zielzahl aussehen könnte.

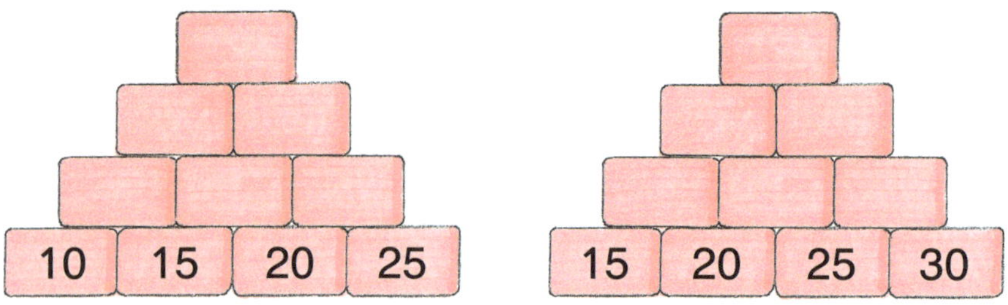

Berechne die fehlenden Zahlen.

❸ Rechendreiecke

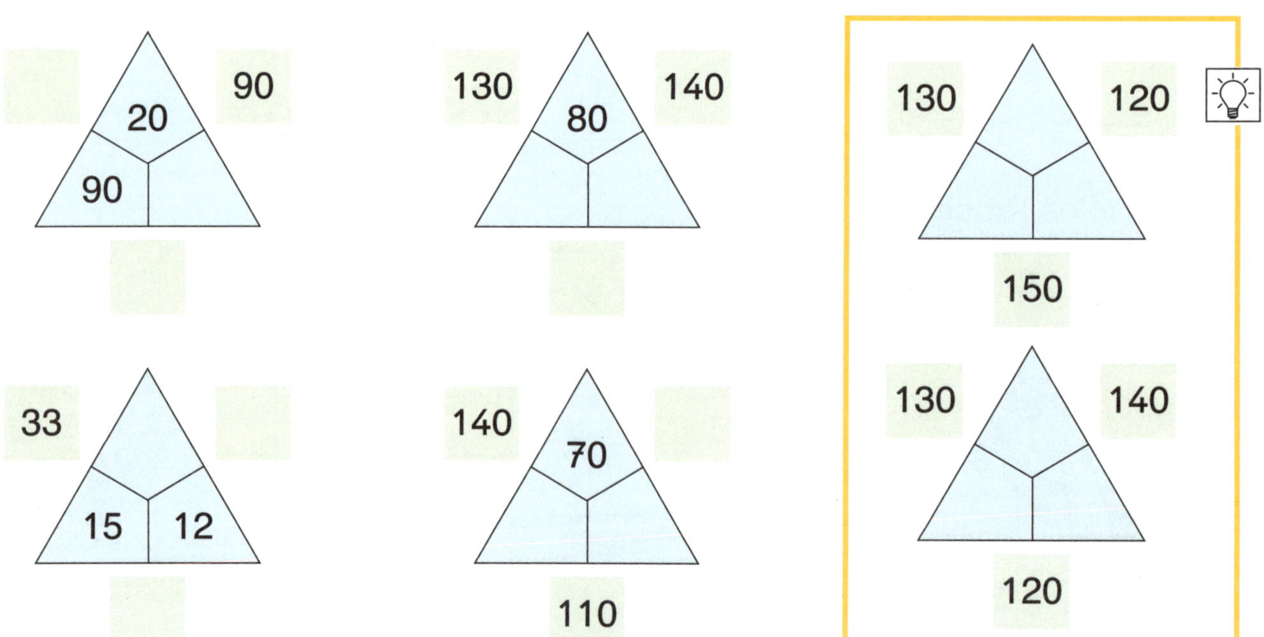

❶ Der Rechenstrich hilft.

46 + 12 = ___

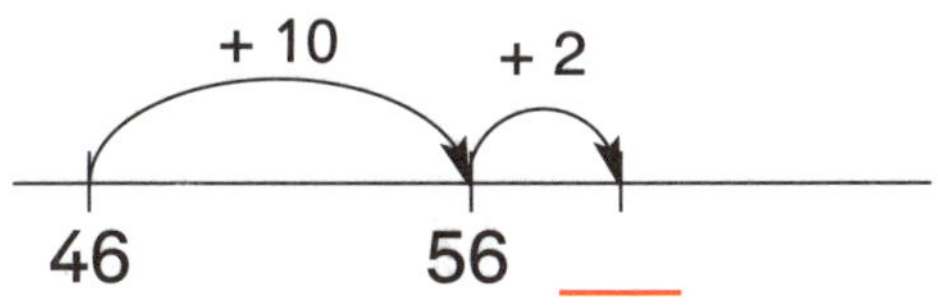

24 + 45 = ___

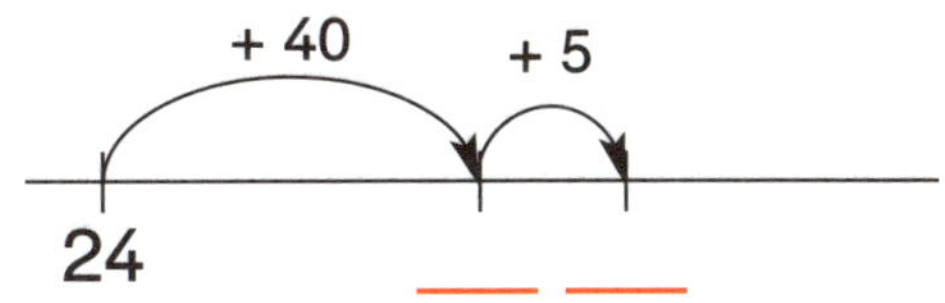

55 + 37 = ___

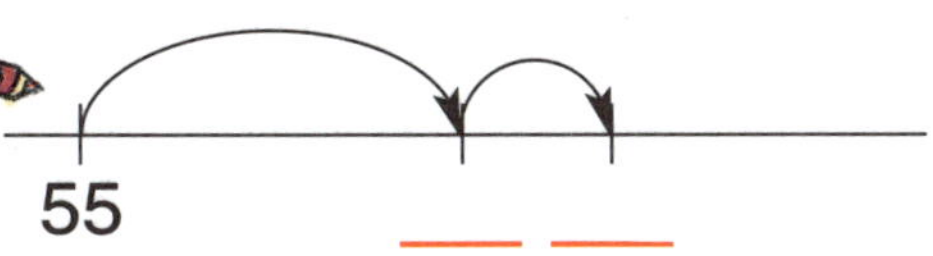

29 + 56 = ___

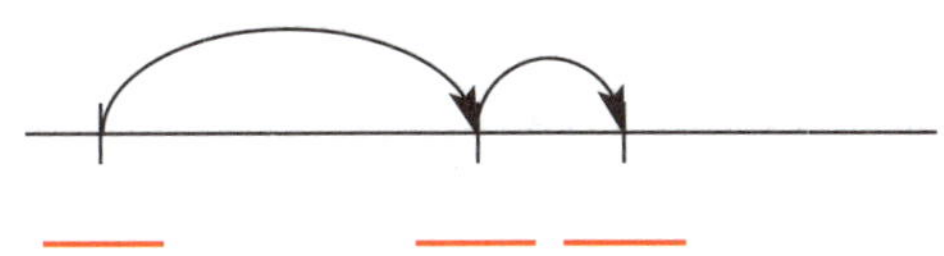

❷ Rechne auf deinem Weg.

27 + 47 = ___

66 + 25 = ___

13 + 68 = ___

51 + 49 = ___

65 + 17 = ___

36 + 48 = ___

❸ Rechne geschickt.

59 + 33 = ___ 13 + 42 + 17 = ___ 17 + 38 + 22 = ___

28 + 49 = ___ 49 + 24 + 11 = ___ 15 + 48 + 12 = ___

❹ Interessante Ergebnisse

a) 34 + 18 = ___
36 + 16 = ___
38 + 14 = ___

b) 43 + 47 = ___
53 + 37 = ___
63 + 27 = ___

c) 11 + 11 = ___
22 + 22 = ___
33 + 33 = ___

d) 49 + 13 = ___
48 + 15 = ___
47 + 17 = ___

e) 53 + 27 = ___
54 + 26 = ___
55 + 25 = ___

f) 65 + 35 = ___
65 + 34 = ___
65 + 33 = ___

© 2008 Oldenbourg Schulbuchverlag GmbH

❶ Der Rechenstrich hilft.

74 – 45 = ___

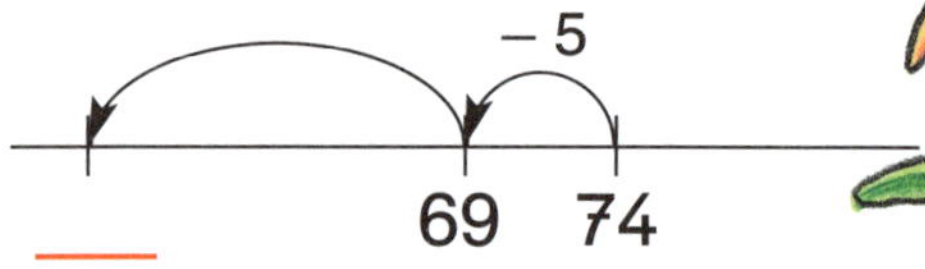

93 – 36 = ___

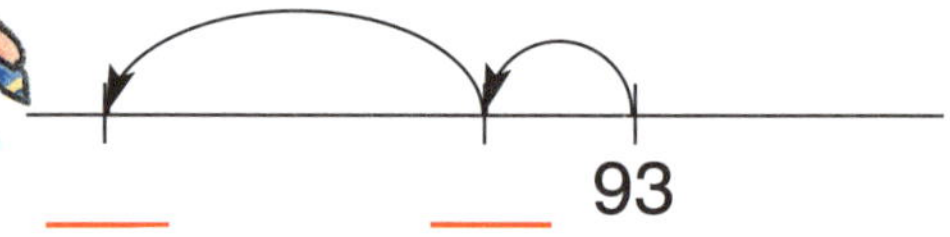

85 – 47 = ___

52 – 24 = ___

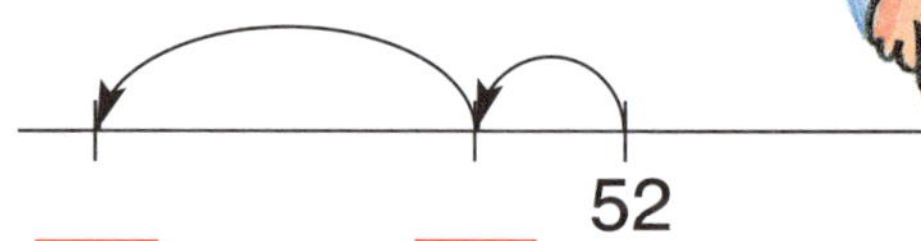

❷ Rechne auf deinem Weg.

77 – 48 = ___

64 – 25 = ___

93 – 67 = ___

61 – 48 = ___

65 – 17 = ___

86 – 47 = ___

❸ Rechne geschickt.

52 – 39 = ___	52 – 47 = ___	92 – 39 = ___
78 – 49 = ___	83 – 79 = ___	61 – 48 = ___

❹ Interessante Ergebnisse

a) 56 – 18 = ___	b) 83 – 47 = ___	c) 88 – 44 = ___
54 – 16 = ___	73 – 37 = ___	77 – 44 = ___
52 – 14 = ___	63 – 27 = ___	66 – 44 = ___
d) 45 – 17 = ___	e) 93 – 46 = ___	f) 47 – 38 = ___
43 – 16 = ___	94 – 36 = ___	48 – 37 = ___
41 – 15 = ___	95 – 26 = ___	49 – 36 = ___

© 2008 Oldenbourg Schulbuchverlag GmbH

Simsala und Bim besuchen Burg Schreckenstein. Dort gibt es ein Labyrinth. Darin sind wertvolle Schätze versteckt.

❶ Zeichne Simsalas Weg grün ein.
„Ich gehe geradeaus ins Labyrinth, bis es nicht mehr weitergeht. Dann wende ich mich nach rechts und gehe wieder geradeaus, bis es nicht mehr weitergeht. Jetzt wende ich mich nach links, gehe ein Stück geradeaus und biege dann rechts ab und gehe geradeaus, bis es nicht mehr weitergeht. Wenn ich mich dann nach rechts wende, sehe ich ________________ !"

❷ Bim hat seinen Weg so aufgezeichnet.

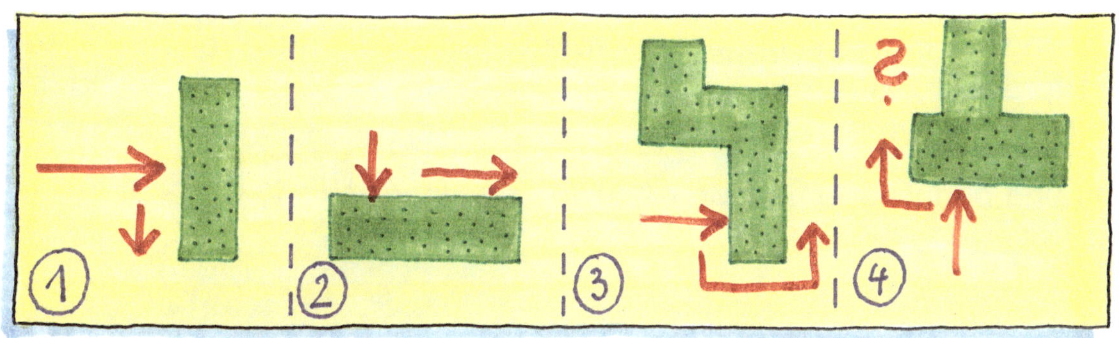

Zeichne Bims Weg blau ein. Was findet Bim? ________________

❸ Hilf Eulalia aus dem Labyrinth. Zeichne ihren Weg rot. Beschreibe ihn wie Simsala oder zeichne wie Bim.

© 2008 Oldenbourg Schulbuchverlag GmbH

Einkaufen für die Ritterburg

❶ Tim hat zum Geburtstag von Onkel Robert und Oma Christine insgesamt 40 € geschenkt bekommen. Er möchte weiteres Zubehör für seine Ritterburg kaufen: Einen Rundturm für 13,50 €, einen Brunnen für 5 €, ein Ritterset für 7,50 € und zwei Burgfräulein für jeweils 2 €.

Unterstreiche die Fragen …
… grün, wenn du die Antwort sofort im Text findest,
… gelb, wenn du rechnen musst,
… rot, wenn man die Fragen nicht beantworten kann.

a) Wie viel kostet ein Ritterset? ________

b) Wie viel kosten die Teile insgesamt? ________

c) Wie viel Geld kann er ausgeben? ________

d) Wie viel Geld bekam er von Oma Christine? ________

e) Wie viel Geld bleibt übrig? ________

Beantworte zuerst die grün unterstrichenen Fragen.
Rechne und beantworte dann die gelb unterstrichenen Fragen.

Welche Angabe brauchst du, um die rote Frage zu beantworten?

☐ Ein Pferdeset kostet 8 €.

☐ Von Onkel Robert bekam er 25 €.

Rechne und beantworte nun die rote Frage.

❷ Stefan möchte auch seine Burg mit Zubehör ergänzen: Drei Burgfräulein für jeweils 2 €, zwei Rittersets für jeweils 7,50 €, Turnierzubehör für 12 € und ein Schlossgespenst für 3 €. Wie viel Geld muss Stefan noch sparen?

Welche Angabe brauchst du noch, um die Aufgabe zu lösen? Kreuze an.

☐ Stefan hat im letzten Monat schon ein Katapult für 10 € gekauft.

☐ Stefan hat bisher schon 25 € gespart.

Rechne und antworte.

© 2008 Oldenbourg Schulbuchverlag GmbH

❶ Nachbaraufgaben

5 · 6 = ___ 6 · 6 = ___	5 · 7 = ___ ___	5 · 8 = ___ ___
8 · 8 = ___ 9 · 8 = ___	___ ___	7 · 10 = ___ ___
7 · 4 = ___ ___	7 · 5 = ___ ___	7 · 6 = ___ ___

❷ Einmaleins-Baustelle

a)

7 · 6 = ___
5 · 6 = ___ | 2 · 6 = ___

7 · 8 = ___
5 · 8 = ___ | ___

9 · 4 = ___
___ | 5 · 4 = ___

b)

7 · 3 = ___
5 · 3 = ___ | ___

6 · 9 = ___
5 · 9 = ___ | ___

8 · 6 = ___
___ | 6 · 6 = ___

c)

8 · 4 = ___
4 · 4 = ___ | ___

9 · 8 = ___
___ | 8 · 8 = ___

4 · 9 = ___
2 · 9 = ___ | ___

❸ a)

·	2	4	8	7
1				
2				
3				
4				
5				
6				
7				
8				
9				
10				

b)

·	3	6	9	10	5
1					
2					
3					
4					
5					
6					
7					
8					
9					
10					

❶ Welcher Ball gehört in welchen Korb?

2 · 9 | 6 · 6 | 3 · 6 | 4 · 9 | 7 · 8 | 8 · 6

3 · 10 | 6 · 5 | 5 · 7 | 6 · 8 | 7 · 5 | 8 · 7

30 | 18 | 36 | 35 | 56 | 48

❷ Färbe die Felder mit gleichen Ergebnissen in gleicher Farbe.

3 · 8 =	8 · 2 =	7 · 8 =	2 · 8 =	6 · 4 =
4 · 9 =	2 · 12 =	4 · 4 =	8 · 3 =	5 · 4 =
6 · 6 =	6 · 3 =	4 · 6 =	9 · 2 =	10 · 2 =

❸ Richtig oder falsch? Finde die 5 Fehler.

7 · 6 = 42 ___	7 · 7 = 49 ___	4 · 8 = 36 ___	6 · 3 = 16 ___
9 · 6 = ~~45~~ 54	3 · 7 = 21 ___	9 · 8 = 72 ___	9 · 3 = 27 ___
8 · 6 = 48 ___	8 · 7 = 54 ___	3 · 8 = 18 ___	4 · 3 = 12 ___
5 · 6 = 30 ___	5 · 7 = 35 ___	8 · 8 = 64 ___	8 · 3 = 24 ___

❹ Welche Zahl passt nicht in die Reihe?

- 7, 14, 21, 27, 35
- 18, 24, 30, 36, 43
- 32, 40, 49, 56, 64
- 17, 20, 24, 28, 32
- 27, 35, 45, 54, 63
- 16, 20, 25, 30, 35
- 40, 50, 60, 70, 81
- 3, 8, 9, 12, 15

© 2008 Oldenbourg Schulbuchverlag GmbH

1 3 Zahlen – vier Aufgaben

a) 3 | 7 | 21

3 · ___ = ___
7 · ___ = ___
21 : ___ = ___
21 : ___ = ___

b) 9 | 72 | 8

9 · ___ = ___
___ · ___ = ___
72 : ___ = ___
72 : ___ = ___

c) 7 | 56 | ?

7 · ___ = ___
___ · ___ = ___
___ : ___ = ___
___ : ___ = ___

d) 7 | 6 | ?

7 · ___ = ___
___ · ___ = ___
___ : ___ = ___
___ : ___ = ___

e) 30 | 6 | ?

6 · ___ = ___
5 · ___ = ___
___ : ___ = ___
___ : ___ = ___

f) 4 | 8 | ?

___ · ___ = ___
___ · ___ = ___
___ : ___ = ___
___ : ___ = ___

g) 7 | 49 | ___

7 · ___ = ___
___ : ___ = ___

h) 8 | 64 | ___

8 · ___ = ___
___ : ___ = ___

i) 9 | 9 | ___

9 · ___ = ___
___ : ___ = ___

2 Verbinde die passenden Multiplikations- und Divisionsaufgaben.

a)

63 : 7 = ___	6 · 9 = ___
42 : 7 = ___	4 · 9 = ___
54 : 9 = ___	9 · 7 = ___
36 : 9 = ___	6 · 7 = ___

b)

28 : 4 = ___	9 · 4 = ___
36 : 4 = ___	8 · 6 = ___
42 : 6 = ___	7 · 4 = ___
48 : 6 = ___	7 · 6 = ___

3 Suche 3 Zahlen, die zusammengehören.

16	9	48	72	2	17	7	11	1	0	2	28	9
7	2	13	54	9	6	7	58	4	32	4	8	9
6	18	8	3	8	8	49	6	10	60	8	54	81

Beim Dividieren bleibt auch mal ein Rest

❶ Male nur die passenden Zahlen an.

Teilbar durch 2

Teilbar durch 6

Teilbar durch 7

❷ Welche Aufgabe hilft dir?

a)
30 : 6 = ______
31 : 6 = ______
32 : 6 = ______
33 : 6 = ______
34 : 6 = ______
35 : 6 = ______

b)
50 : 7 = ______
49 : 7 = ______
51 : 7 = ______
48 : 7 = ______
52 : 7 = ______
55 : 7 = ______

c)
66 : 8 = ______
69 : 8 = ______
64 : 8 = ______
67 : 8 = ______
65 : 8 = ______
68 : 8 = ______
70 : 8 = ______

d)
88 : 9 = ______
84 : 9 = ______
85 : 9 = ______
83 : 9 = ______
81 : 9 = ______
82 : 9 = ______
89 : 9 = ______

❸ Welche Zahlen passen nicht? Streiche durch.

© 2008 Oldenbourg Schulbuchverlag GmbH

❶ Zauberlutscher: Male mit der gleichen Farbe aus.

Himbeergeschmack: 7 mehr als 5 · 8	Brennnessel: 10 weniger als 7 · 8	Steinpilzgeschmack: 15 mehr als 9 · 5	Ketchup: Das Doppelte von 4 · 5
Meersalzlutscher: 2 weniger als 11 · 5	Zitronengeschmack: Die Hälfte von 8 · 8	Kartoffel: 1 mehr als 9 · 7	

❷ Welcher Zauberschuh gehört in welche Schachtel? Verbinde.

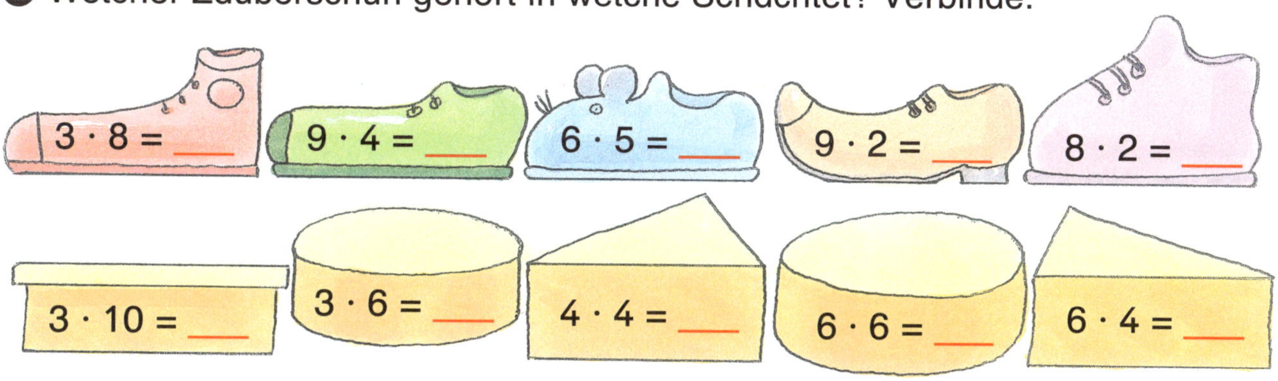

❸ Zaubertücher: Ergänze.

24 = 4 · ___, gleich kommt die alte ______.

16 = 2 · ___, heut spukt es in der ______.

28 = 7 · ___, aus jedem Stein wird gleich ein ______.

56 = 8 · ___, heut' wird mit dem Fuß ______.

30 = 10 · ___, am besten schmeckt mir ______.

Brei geschrieben Tier Nacht Hex

❹ Ergänze die fehlenden Zahlen.

© 2008 Oldenbourg Schulbuchverlag GmbH

Bist du fit?
Addieren und subtrahieren

❶

+	3	13	23	33
6				
26				
56				
66				

−	6	16	26	56
9				
29				
69				
89				

+	8	18	38	48
7				
27				
37				
47				

❷

❸ Rechne auf deinem Weg.

37 + 25 = ___

29 + 46 = ___

67 + 39 = ___

62 − 38 = ___

41 − 27 = ___

82 − 38 = ___

❹ Im Spielzeugladen gibt es Zubehör zur Ritterburg im Angebot. Du willst einen Wehrturm für 12 € kaufen, einen Belagerungsturm für 9 €, ein Katapult für 6 € und Turnierzubehör für 4 €.
Vom Geburtstag hast du noch 30 € übrig. Reicht das Geld?

Antwort: Das Geld ______________.

© 2008 Oldenbourg Schulbuchverlag GmbH

❶ Male die Aufgaben, die zur Zahl im Drachen passen, in der gleichen Farbe an.

40

5 · 8 = ___
4 · 10 = ___
4 · 9 = ___
2 · 20 = ___

24

3 · 8 = ___
4 · 7 = ___
4 · 6 = ___
2 · 12 = ___

18

3 · 8 = ___
3 · 6 = ___
2 · 9 = ___
18 · 1 = ___

30

6 · 5 = ___
2 · 15 = ___
4 · 7 = ___
5 · 6 = ___

❷ Schreibe zu den Zahlen 4 Aufgaben.

5 | 7 | ___

5 · ___ = ___
___ · ___ = ___
___ : 5 = ___
___ : ___ = ___

___ | 32 | 8

___ · ___ = ___
8 · ___ = ___
___ : 8 = ___
___ : ___ = ___

9 | 7 | ___

9 · ___ = ___
___ · ___ = ___
___ : 9 = ___
___ : ___ = ___

❸

·		6	8	10
2	4			
4				
6				
8				

·				
3	9			
5		35		
7			63	
9				45

❹ Manchmal bleibt ein Rest.

50 : 7 = ________ 66 : 8 = ________ 49 : 6 = ________ 28 : 4 = ________
49 : 7 = ________ 64 : 8 = ________ 45 : 6 = ________ 30 : 4 = ________
51 : 7 = ________ 69 : 8 = ________ 42 : 6 = ________ 32 : 4 = ________

© 2008 Oldenbourg Schulbuchverlag GmbH

❶ Trage ein und zeichne.

□ ❘❘❘❘❘ ••••••• □ ❘❘ □	□ ❘❘ ••••••••	□ ••••• □ □ □		
H | Z | E	H | Z | E	H | Z | E	H | Z | E 5 | 3 | 0	H | Z | E | 8 | 6

❷ Welche Karten gehören zusammen? Färbe und ergänze.

zweihundert-vierund-neunzig	vierhundert-neunund-zwanzig	neunhundert-vierund-zwanzig	zweihundert-vierund-vierzig	vierhundert-vierund-neunzig
H | Z | E 9 | 2 | 4	H | Z | E	H | Z | E 4 | 9 | 4	H | Z | E 2 | 9 | 4	H | Z | E 4 | 2 | 9
4 | 9 | 4	2 | 9 | 4	| |	4 | 2 | 9	2 | 4 | 4
	□□□□□ □□□□ ❘❘ ••••	□□ ❘❘❘❘❘ ❘❘❘❘ ••••	□□□□ ❘❘❘❘❘ ❘❘❘❘ ••••	□□ ❘❘❘❘ ••••
400 + 20 + 9	200 + 90 + 4	400 + 90 + 4	900 + 20 + 4	200 + 40 + 4

❸

1000	
100	
400	
700	
	800
	500

1000		
400	400	
	300	600
200		500
	300	300
200	600	

1000 – 300 = ____

1000 – 600 = ____

1000 – 800 = ____

1000 – ____ = 100

1000 – ____ = 500

800 + ____ = 1000

300 + ____ = 1000

900 + ____ = 1000

500 + ____ = 1000

400 + ____ = 1000

❹

250	250	150

	550	
300		500

	1000	
200		400

© 2008 Oldenbourg Schulbuchverlag GmbH

Legen, spielen, rechnen mit der Stellenwerttafel

1 Zeichne und schreibe die Zahlen.

a)

H	Z	E	
••	••••	•	
•••••••	•	•••	
••••		•••••	
			153
			513
			351

b)

	H	Z	E	
1H 4E	•		••••	104
9H 5E				
7E 6Z 3H				
3Z 3H				
5H 8E				
3H 7Z 4E				

2 Zahlenrätsel: Male Rätsel und Lösungszahl mit der gleichen Farbe an.

a) Die Zahl hat 6 Hunderter, 3 Zehner und 2 Einer.

b) Die Zahl hat 4 Zehner und 2 Hunderter.

c) Die Zahl hat 4 Hunderter, halb so viele Zehner und 3 Einer.

d) Die Zahl hat 6 Einer, halb so viele Hunderter und 2 Zehner.

e) Die Zahl hat 4 Zehner, doppelt so viele Hunderter und halb so viele Einer wie Zehner.

f) Die Zahl hat 3 Hunderter, doppelt so viele Einer und einen Zehner.

316 842 423 632 326 240

3 Simsala hat diese Zahl gelegt. Bim legt ein Plättchen dazu.

H	Z	E	
•••	••	••••	

Ich lege es zuerst zu den E ...

Welche Zahlen können entstehen?

H	Z	E	
•••	••	•••••	

H	Z	E	
•••	•••	••••	

H	Z	E	
••••	••	••••	

4 Welche Zahlen entstehen, wenn du jeweils ein Plättchen dazulegst?

a)

H	Z	E
••••••	•••	••••

634

b)

H	Z	E
••••	•••••	••

© 2008 Oldenbourg Schulbuchverlag GmbH

Verbinde die Punkte.

von 90 bis 113	von 286 bis 315	von 679 bis 699	von 795 bis 823

Male das fertige Bild aus.

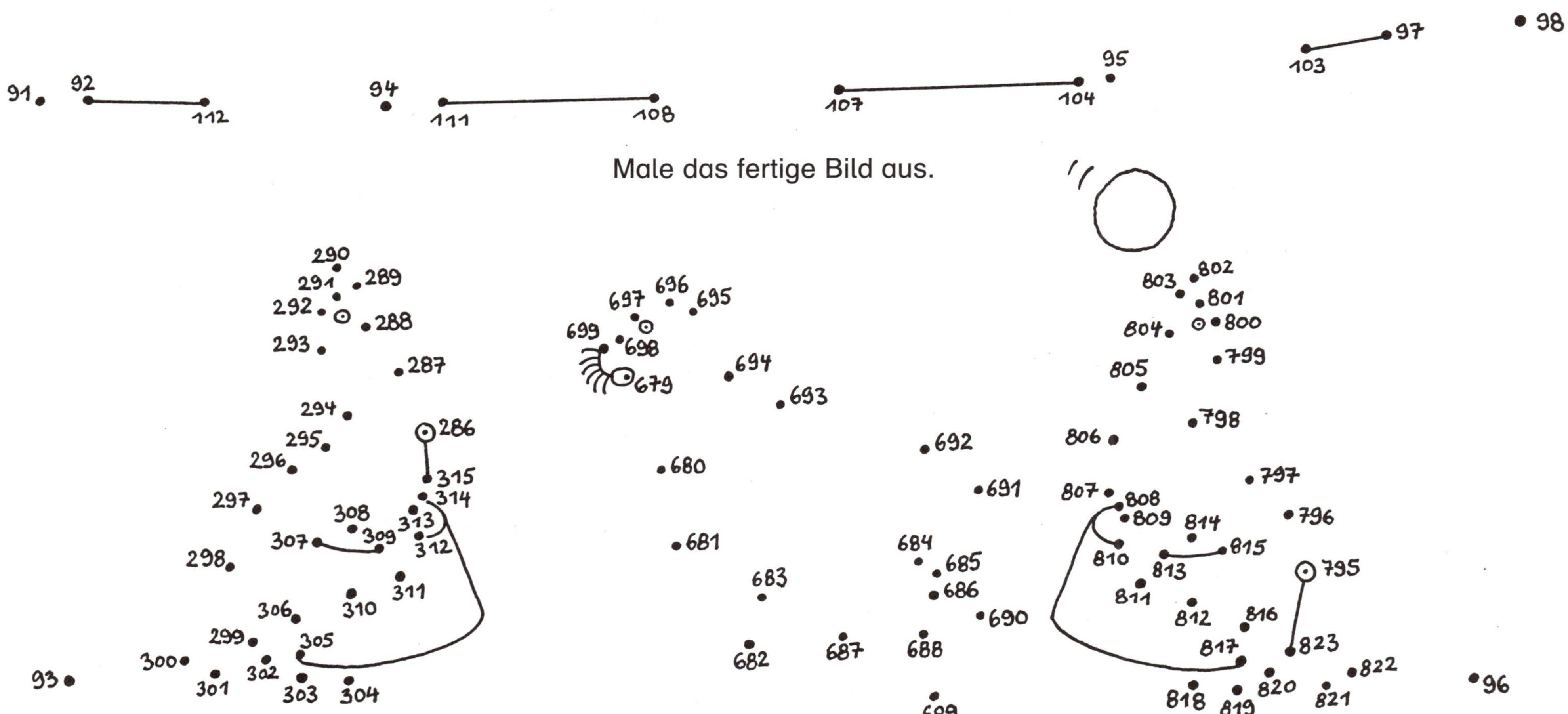

© 2008 Oldenbourg Schulbuchverlag GmbH

Tausender-Leporello

❶ Ergänze bei den beiden Hunderterfeldern
a) alle Zahlen mit 3 Zehnern,
b) alle Zahlen mit 3 Einern.

❷ Ergänze bei den beiden Hunderterfeldern
a) alle Zahlen mit 6 Zehnern,
b) alle Zahlen mit 6 Einern.

❸ Trage diese Zahlen an der richtigen Stelle im Hunderterfeld ein:

307	607	304	604
340	640	370	670
322	622	348	648
325	625	320	620
377	677	344	644

❹ Trage nun diese Zahlen richtig ein:
7H | 3H 5Z 5E | 6H 8Z 8E | 3H 9Z 9E | 3H 1Z 1E | 3H 8Z 8E

❺ Färbe in den Hunderterfeldern
a) alle Zahlen mit 2 gleichen Ziffern gelb,
b) alle Zahlen mit 3 gleichen Ziffern grün.
Erkennst du ein Muster?
Wie sieht es wohl in anderen Hunderterfeldern aus?

301				305			308		310
	312		314					319	
		323					328		
			334						
				345					
					356				
						367			
371		373					378		
	382					387		389	
391		393			396				400

601									
611	612	613	614	615	616	617	618	619	
621								629	
631								639	
641								649	
651	652	653	654	655				659	
661				665				669	
671				675				679	
681				685				689	
691				695				699	

❻ Suche diese beiden Zahlen in den Hunderterfeldern. Färbe sie rot.

a) Die Zahl hat 0 Einer und doppelt so viele Hunderter wie Zehner.

b) Die Zahl hat 0 Einer und halb so viele Hunderter wie Zehner.

© 2008 Oldenbourg Schulbuchverlag GmbH

Tausender-Leporello

❶ Wie heißen die Zahlen rund um die Startzahl? Trage ein.

	346	

	296	

	704	

	989	

Bei welchen Zahlen beträgt der Unterschied zur Startzahl …

10 ? ⟶ Färbe blau.
1 ? ⟶ Färbe gelb.
9 ? ⟶ Färbe grün.
11 ? ⟶ Färbe rot.

❷ Ausschnitte aus dem Tausenderleporello: Ergänze.

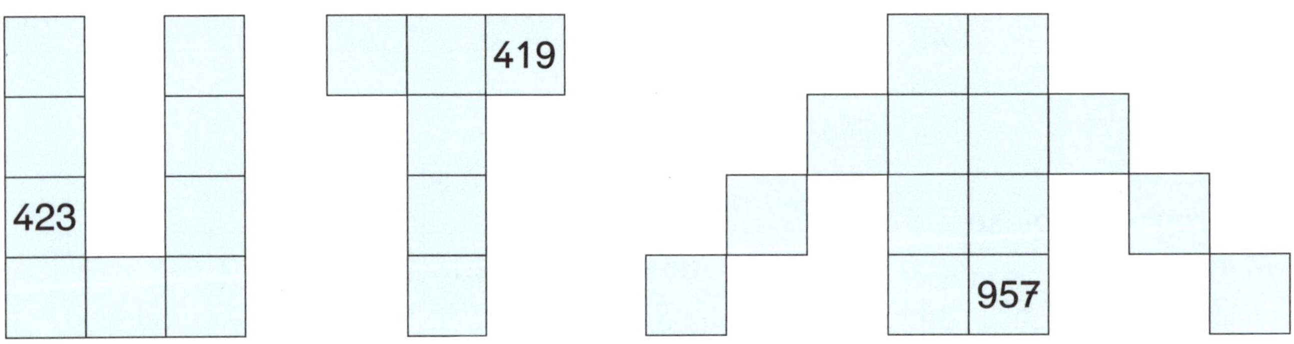

❸ Setze die Zahlenfolgen fort.

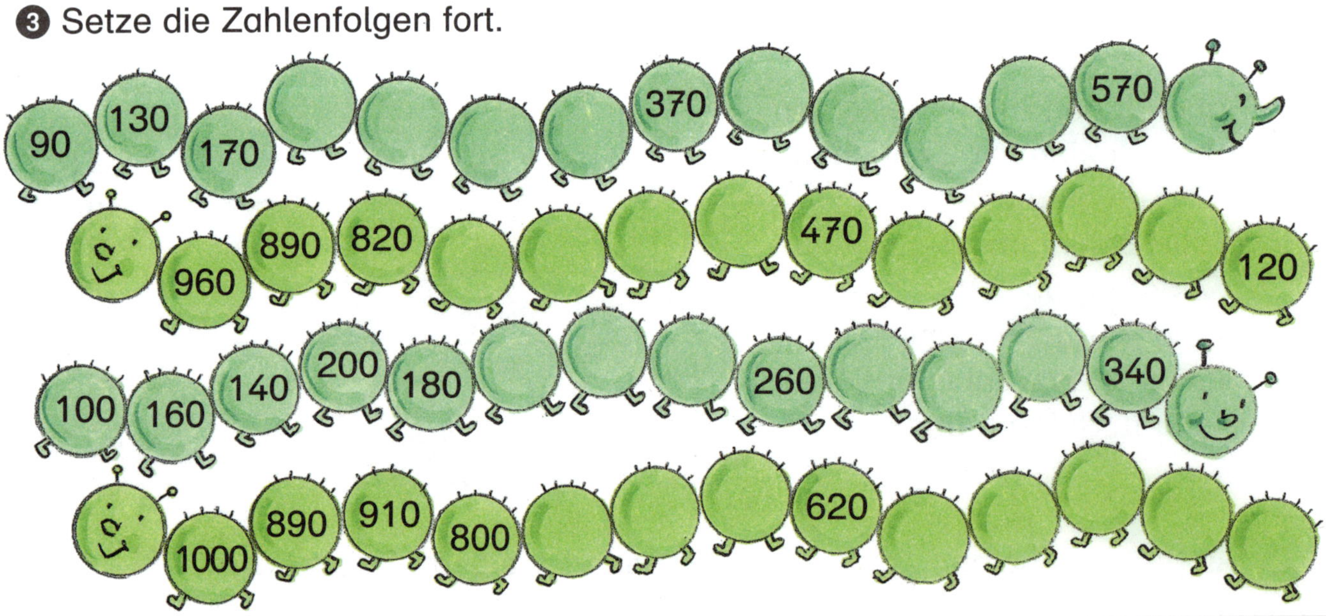

❹ Bilde mit diesen Ziffern verschiedene 3-stellige Zahlen.

a) 7, 1, 4: 714, 741, ______________________

b) 5, 3, 9: ______________________

© 2008 Oldenbourg Schulbuchverlag GmbH

❶ Rahme auch das Spiegelbild ein.

❷ Zeichne die Spiegelachsen ein.

❸ Wie viele Spiegelachsen haben die Figuren? Zeichne sie ein.

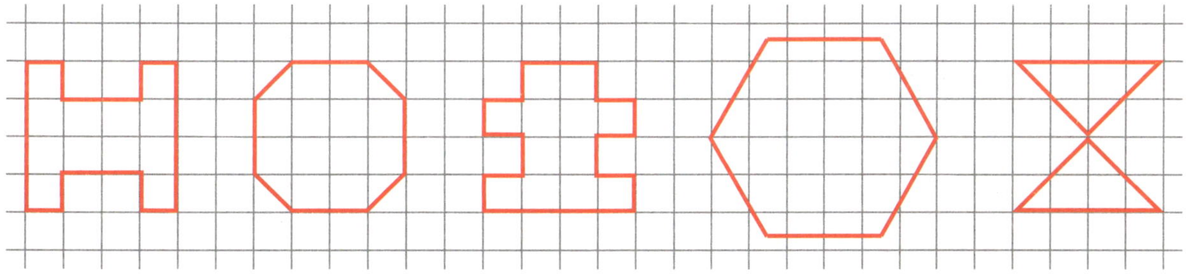

❹ Spiegle die Figuren an der Spiegelachse.

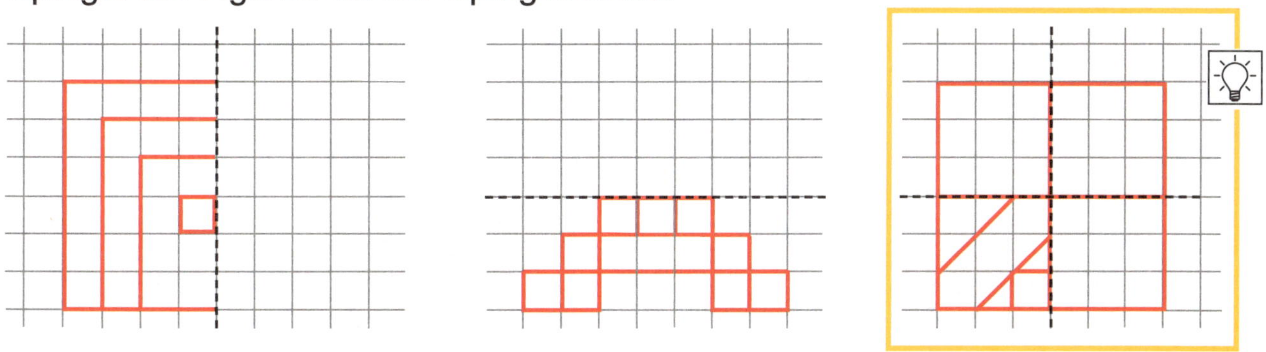

❺ Zeichne spiegelsymetrische Buchstaben.

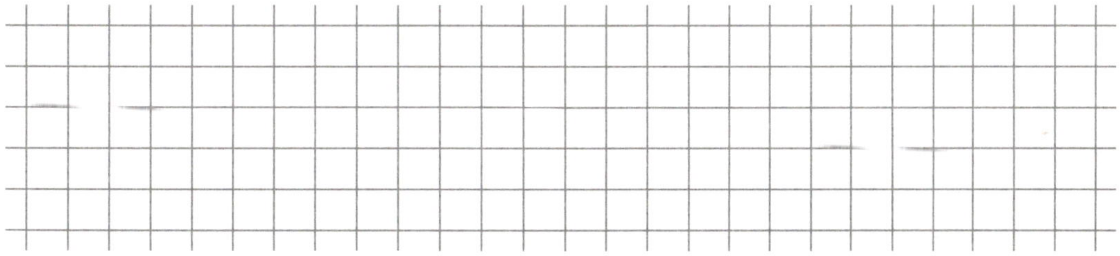

© 2008 Oldenbourg Schulbuchverlag GmbH

❶ Ergänze symmetrisch. Male aus.

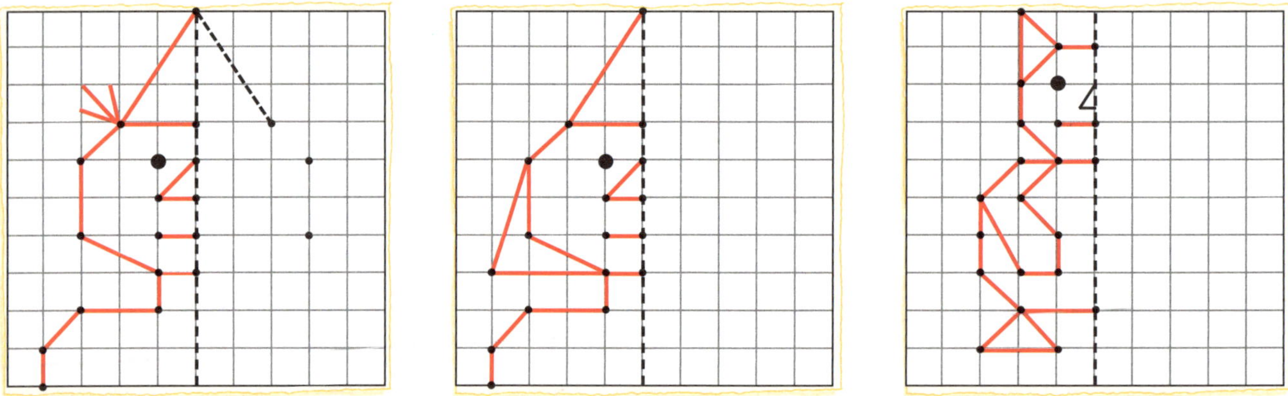

❷ Ergänze symmetrisch. Male aus.

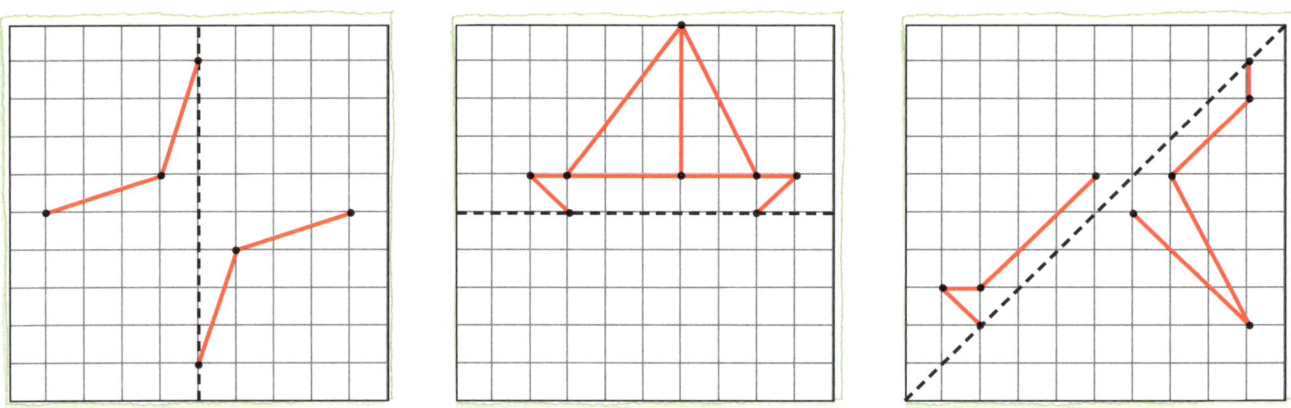

❸ Symmetrische Muster. Zeichne fertig.

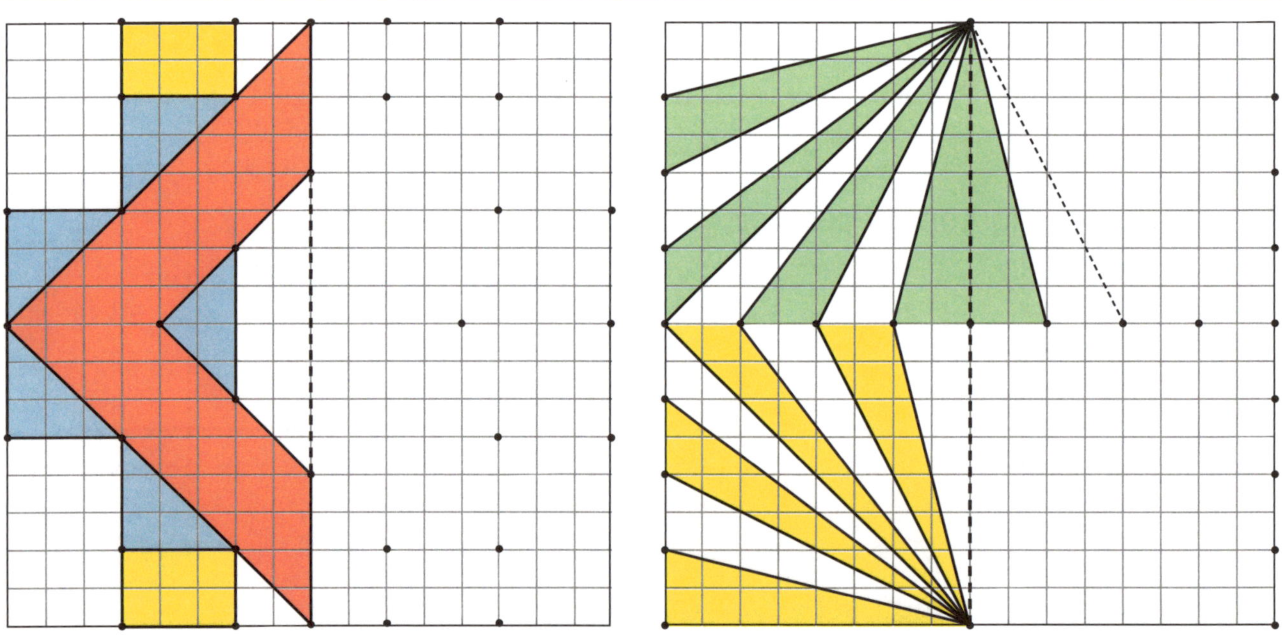

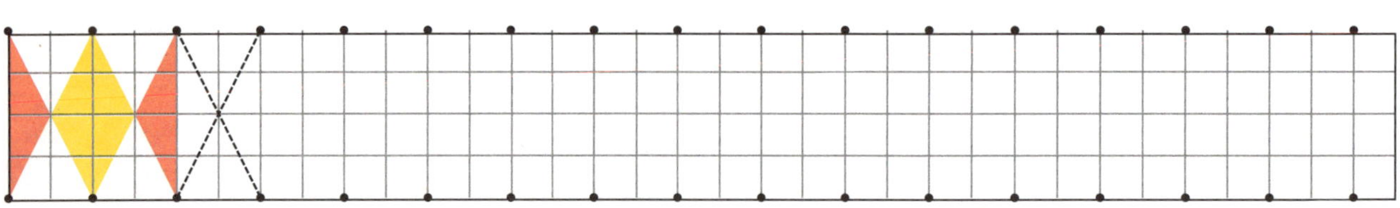

© 2008 Oldenbourg Schulbuchverlag GmbH

❶ Ergänze zu symmetrischen Figuren.

A B C D

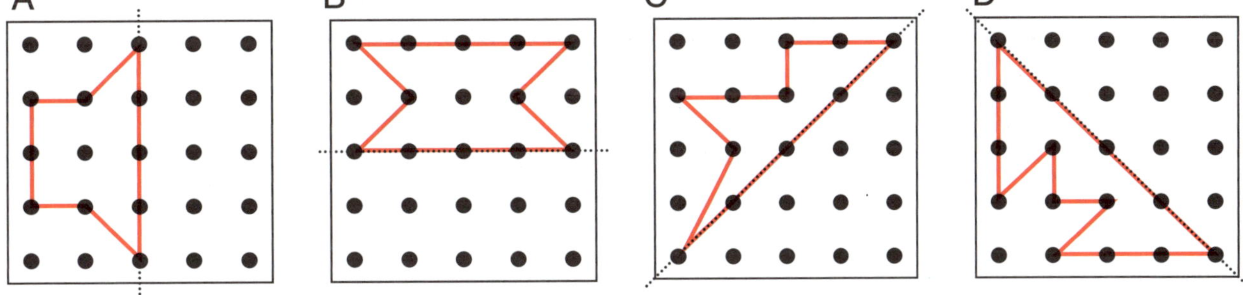

❷ Zeichne alle rechten Winkel ein.

A B C D

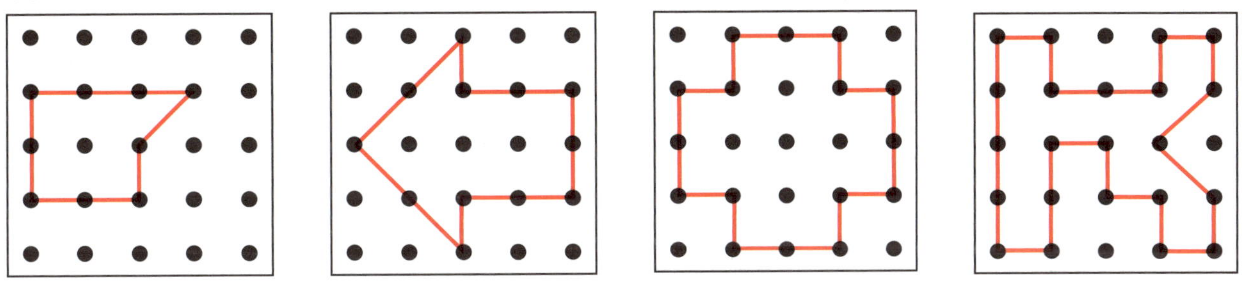

❸ Die Größe einer Figur misst man in kleinen Quadraten □.

Fläche: 3 □
3 Quadrate

Aus wie vielen Quadraten bestehen diese Figuren?

A B C D

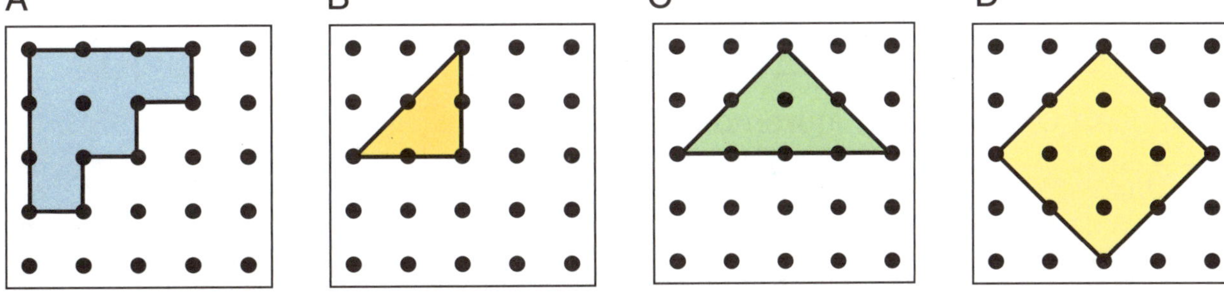

A: ____ □ B: ____ □ C: ____ □ D: ____ □

❹ Welche Figur hat die größte Fläche, welche die kleinste Fläche?

A B C

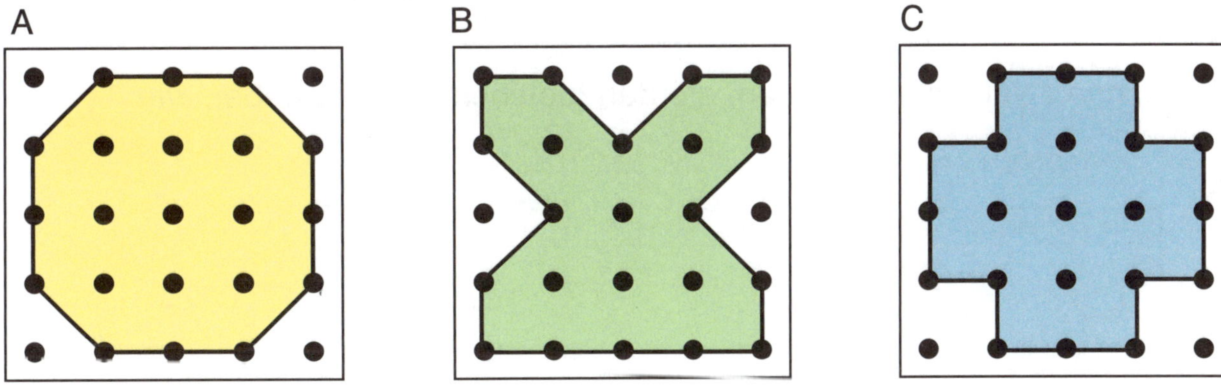

____________ ____________ ____________

© 2008 Oldenbourg Schulbuchverlag GmbH

❶ Bestimme mit dem Eckenmesser die rechten Winkel und trage sie ein.
Gestalte das Bild symmetrisch.

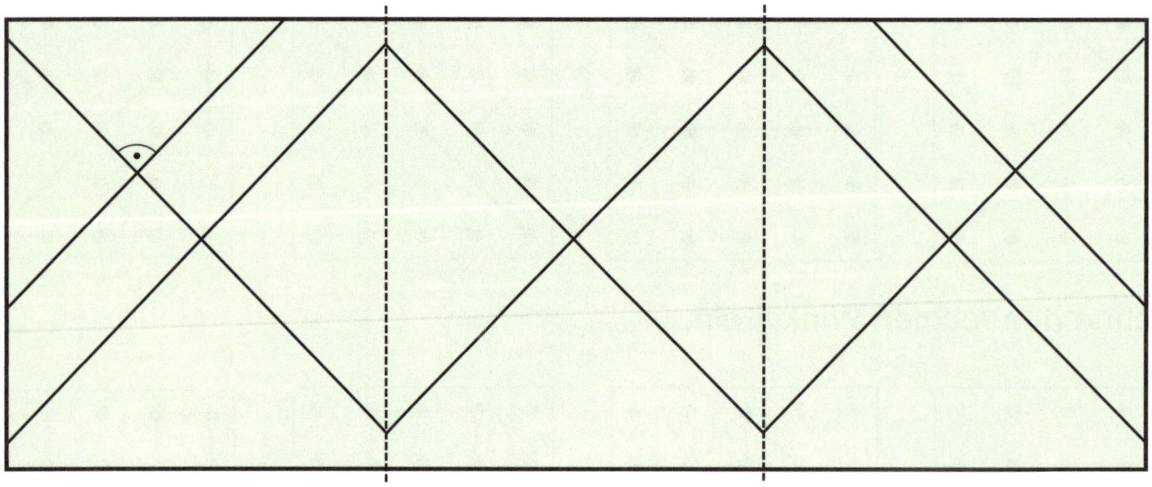

❷ Bestimme den Flächeninhalt.

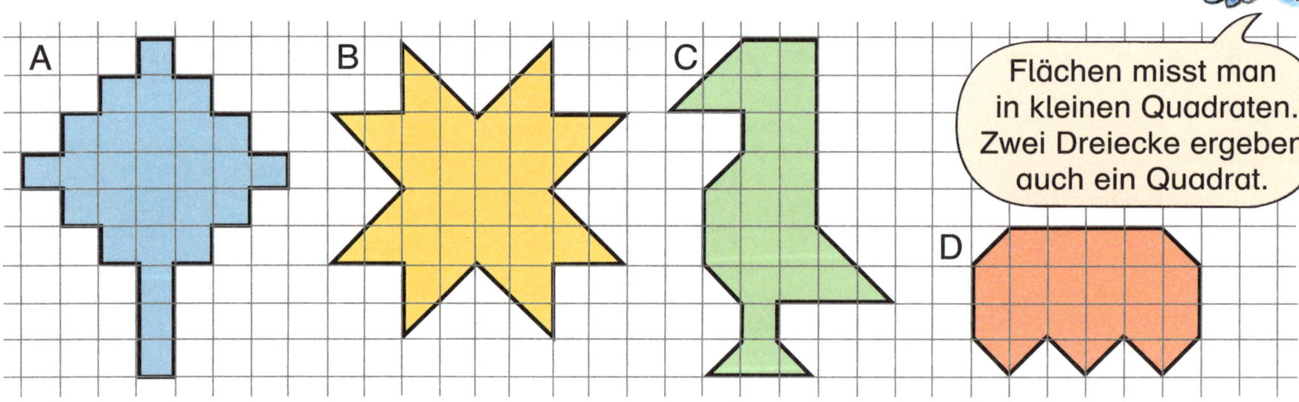

A: 27 ☐ B: ____ ☐ C: ____ ☐ D: ____ ☐

❸ Gib den Umfang der Figuren an.

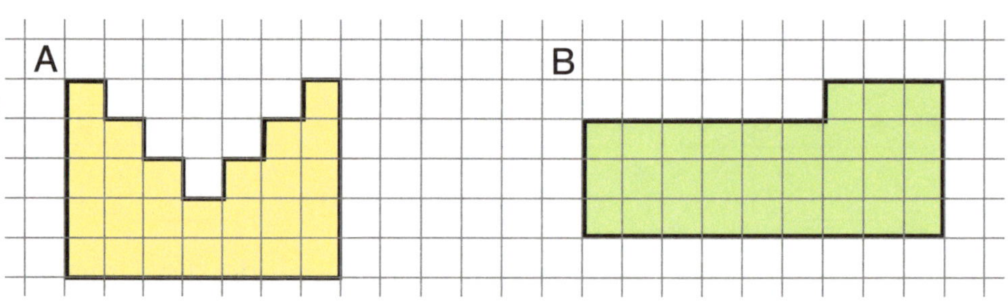

A: ____ KL B: ____ KL

❹ Zeichne zwei eigene Figuren, die den gleichen Umfang haben wie Figur A.

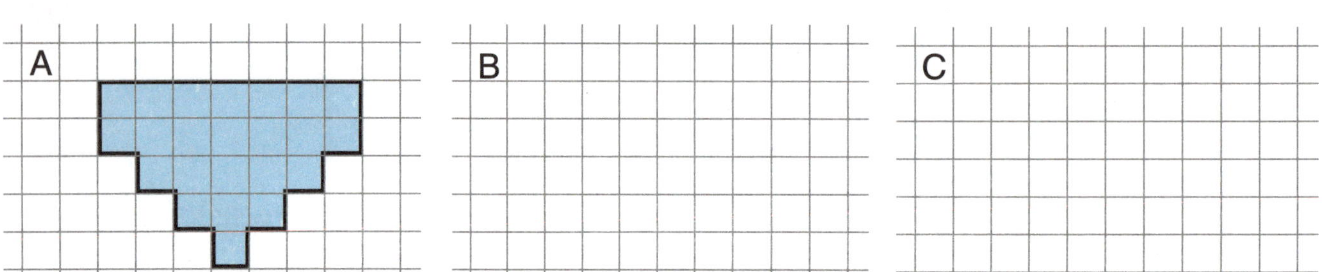

A: ____ KL B: ____ KL C: ____ KL

© 2008 Oldenbourg Schulbuchverlag GmbH

❶ Wie viel Geld ist es?

____ €

____ €

____ €

____ €

❷ Immer 1000 €.
Zeichne die fehlenden Scheine und schreibe die Rechnung auf.

700 € + ____ € = 1000 €

350 € + ____ € = 1000 €

40 € + ____ € = 1000 €

750 € + ____ € = 1000 €

220 € + ____ € = 1000 €

5 € + ____ € = 1000 €

❸

1000 €

350 € + ____ €
750 € + ____ €
450 € + ____ €

1000 €

520 € + ____ €
640 € + ____ €
280 € + ____ €

1000 €

125 € + ____ €
845 € + ____ €
905 € + ____ €

❹ a)

Preis	die Hälfte
400 €	____ €
250 €	____ €
620 €	____ €
840 €	____ €

b)

Preis	das Doppelte
130 €	____ €
215 €	____ €
340 €	____ €
450 €	____ €

© 2008 Oldenbourg Schulbuchverlag GmbH

❶ Schreibe als Zahl.

vier-hundert-zwei	H Z E 4 2 0	□ □ ⋮	200 40	zweihun-dertvier-undzwan-zig	4H 2Z 4E	H Z E 4 4 2	□ □ □ □ ||	vierhun-dertzwei-undzwan-zig	4H 4E
402	___	___	___	___	___	___	___	___	___

❷ Trage die fehlenden Zahlen ein.

❸ Bilde mit den Ziffern alle möglichen dreistelligen Zahlen.

2, 6, 8: ____________________

4, 5, 3: ____________________

❹ Setze die Zahlenfolgen fort.

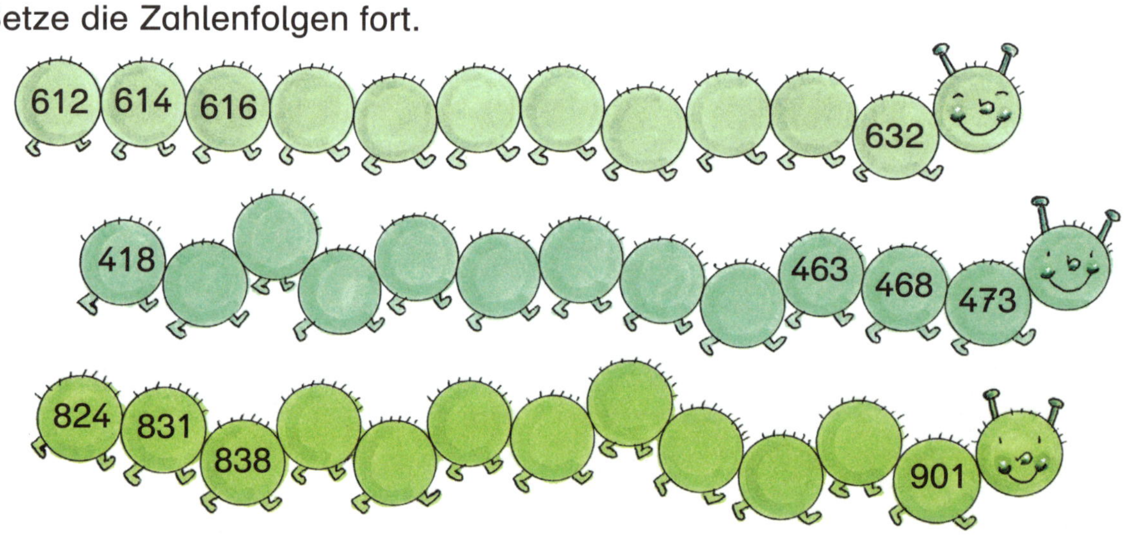

❹ Zahlenrätsel

Die Zahl hat 4 Einer, doppelt so viele Hunderter und einen Zehner.	Die Zahl hat 2 Hunderter, halb so viele Zehner und 5 Einer.	Die Zahl hat 3 Zehner und 6 Hunderter.
Die Zahl heißt ____.	Die Zahl heißt ____.	Die Zahl heißt ____.

© 2008 Oldenbourg Schulbuchverlag GmbH

❶ Ergänze symetrisch:

a)

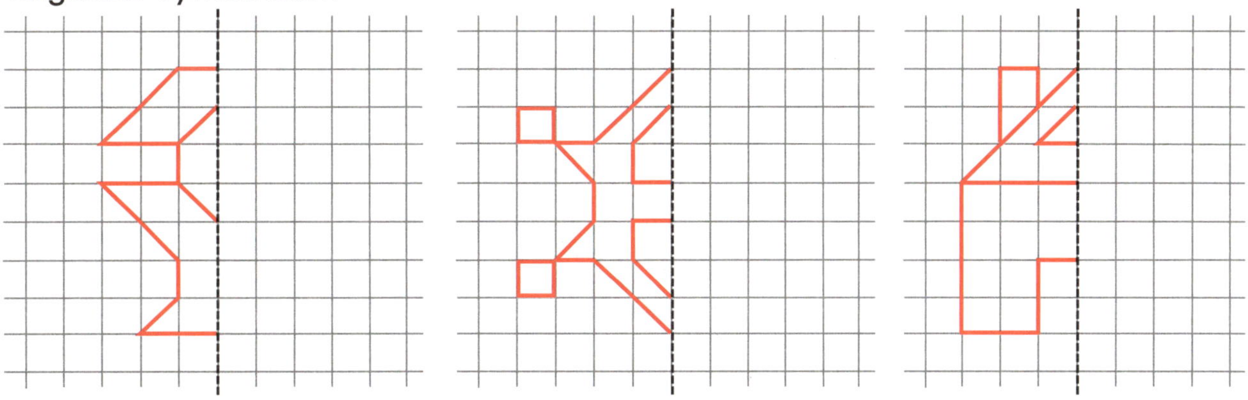

b)

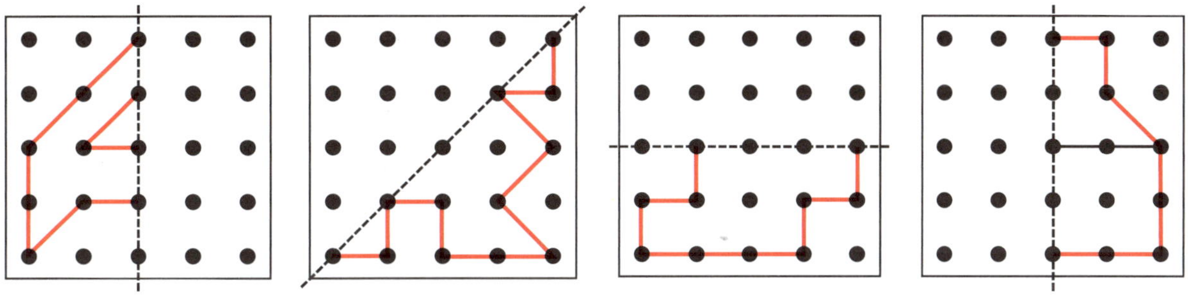

❷ Bestimme die Größe der Flächen.

a)

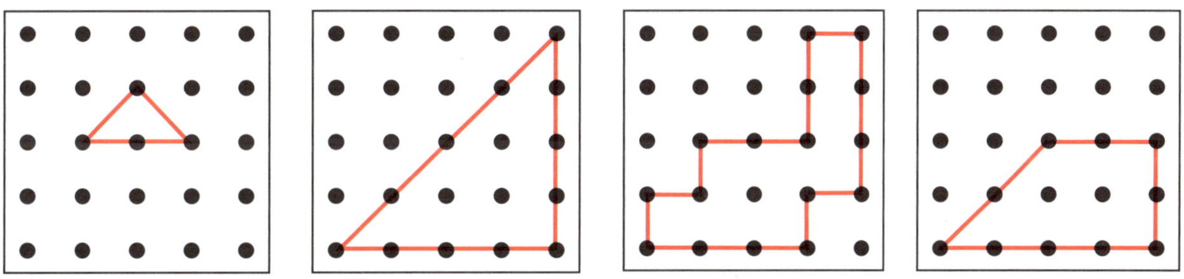

1 □ ___ □ ___ □ ___ □

b)

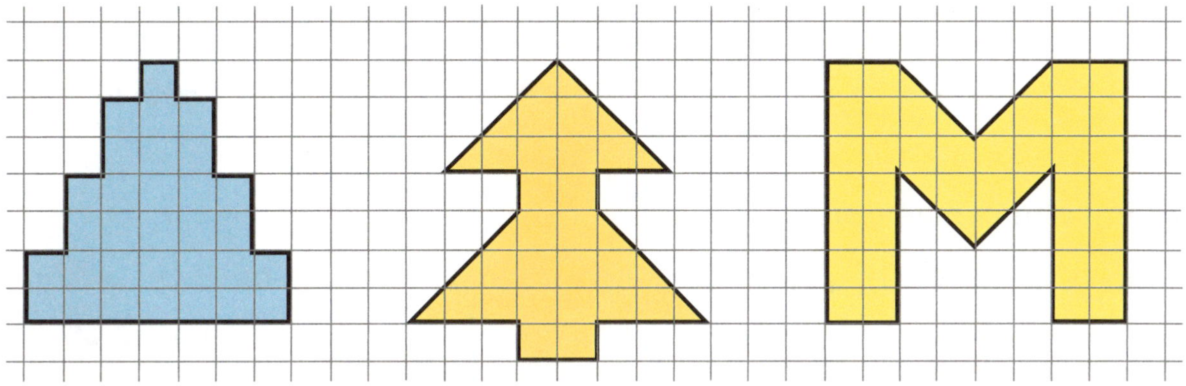

___ □ ___ □ ___ □

❸ Gib den Umfang der Figur an.

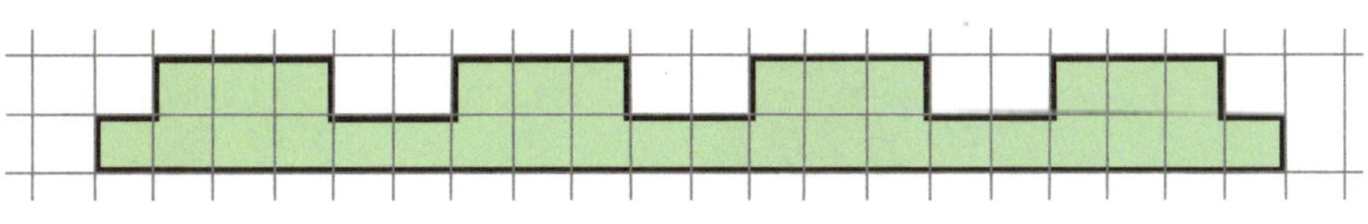

___ KL

© 2008 Oldenbourg Schulbuchverlag GmbH

❶ Hunderterfreunde

❷ Tausenderfreunde

❸ Vorsicht!

a)
50 + 6 = ____
500 + 60 = ____
500 + 6 = ____
500 + 66 = ____

b)
200 + 9 = ____
20 + 9 = ____
200 + 90 = ____
200 + 99 = ____

c)
600 + 22 = ____
600 + 20 = ____
60 + 2 = ____
600 + 2 = ____

❹ Rechne in einem Rutsch.

a) –300
800 → *500*
890 → ____
899 → ____

b) –40
90 → ____
490 → ____
495 → ____

c) –3
6 → ____
306 → ____
356 → ____

d) +700
200 → *900*
230 → ____
234 → ____

e) +20
70 → ____
670 → ____
678 → ____

f) +2
5 → ____
505 → ____
565 → ____

© 2008 Oldenbourg Schulbuchverlag GmbH

1 Aufgabenreihen

a)	b)	c)
128 + 100 = ____	613 + 10 = ____	854 + 1 = ____
128 + 200 = ____	613 + 20 = ____	854 + 2 = ____
128 + 300 = ____	613 + 30 = ____	854 + 3 = ____
128 + 400 = ____	613 + 40 = ____	854 + 4 = ____
128 + 600 = ____	613 + 50 = ____	854 + 5 = ____
128 + 800 = ____	613 + 70 = ____	854 + 6 = ____
128 + 900 = ____	613 + 80 = ____	854 + 7 = ____

2 Rechne dich nach oben.

400 + 200 =
460 + 200 =
460 + 230 =
463 + 230 =
463 + 234 =

900 – 500 =
970 – 500 =
970 – 520 =
976 – 520 =
976 – 522 =

300 + 600 =
350 + 600 =
350 + 610 =
352 + 610 =
352 + 616 =

700 – 400 =
790 – 400 =
790 – 440 =
798 – 440 =
798 – 444 =

3 Die kleine Aufgabe hilft.

7 + 6 = ____	11 – 5 = ____	15 – 8 = ____
70 + 60 = ____	110 – 50 = ____	150 – 80 = ____
370 + 60 = ____	410 – 50 = ____	350 – 80 = ____
570 + 60 = ____	610 – 50 = ____	750 – 80 = ____
770 + 60 = ____	210 – 50 = ____	915 – 8 = ____
107 + 6 = ____	711 – 5 = ____	425 – 8 = ____
607 + 6 = ____	511 – 5 = ____	635 – 8 = ____

© 2008 Oldenbourg Schulbuchverlag GmbH

❶ Der Rechenstrich hilft.

a) 538 + 265 = ____

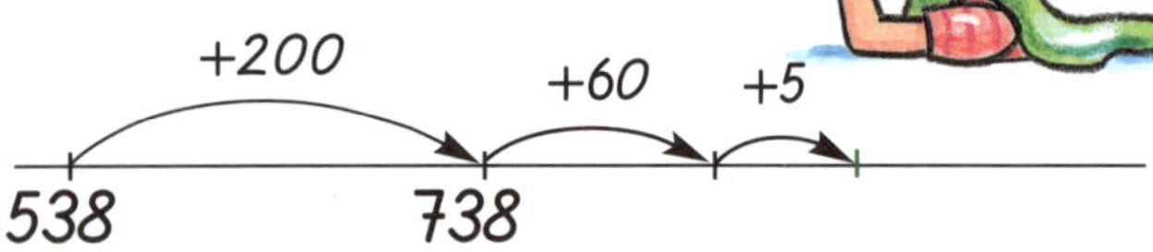

b) 476 + 254 = ____

c) 619 + 347 = ____

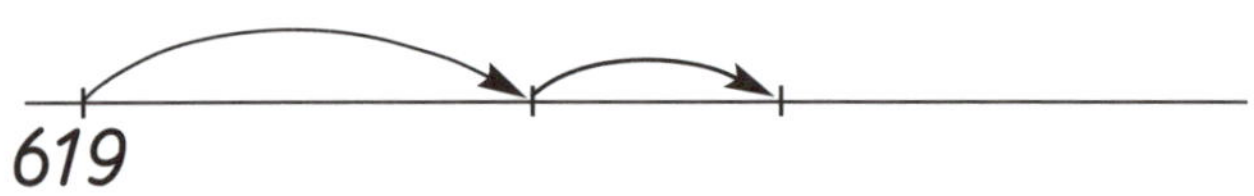

d) 823 + 169 = ____

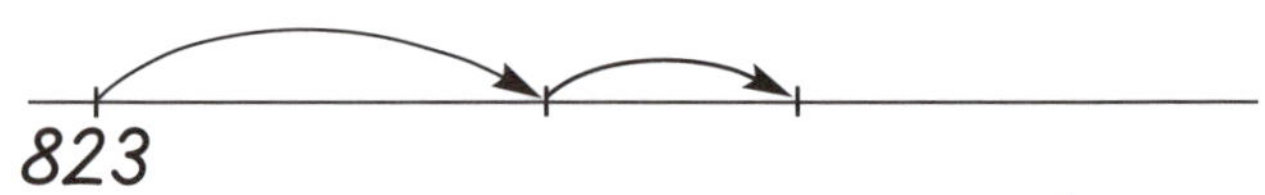

e) 386 + 473 = ____

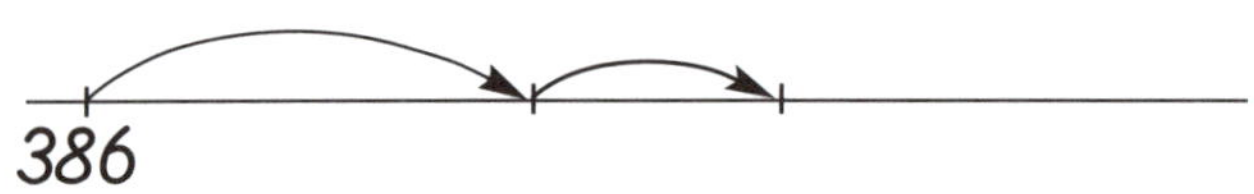

f) 265 + 418 = ____

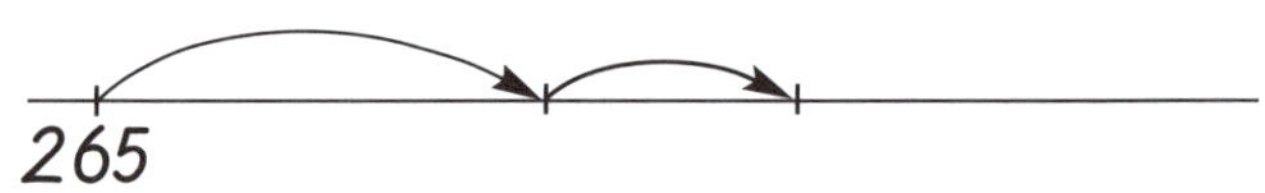

❷ Welche Ergebnisse sind falsch?
Überprüfe mit dem Rechenstrich.
Schreibe die richtigen Lösungen dazu.

a) 543 + 139 = 682

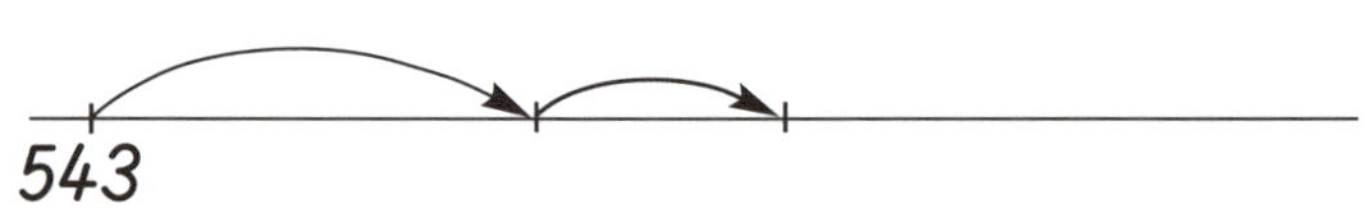

b) 628 + 246 = 864

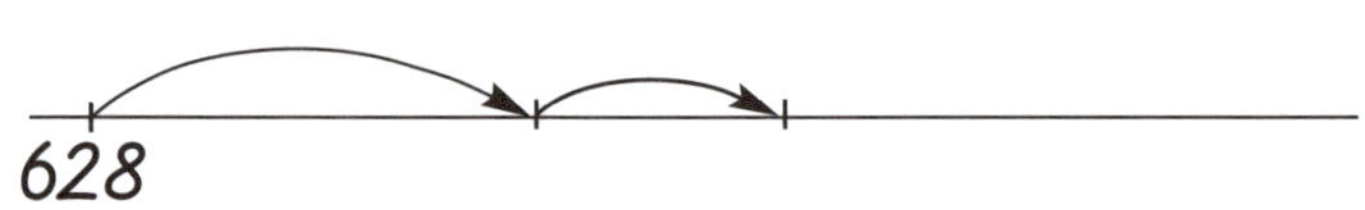

c) 323 + 394 = 617

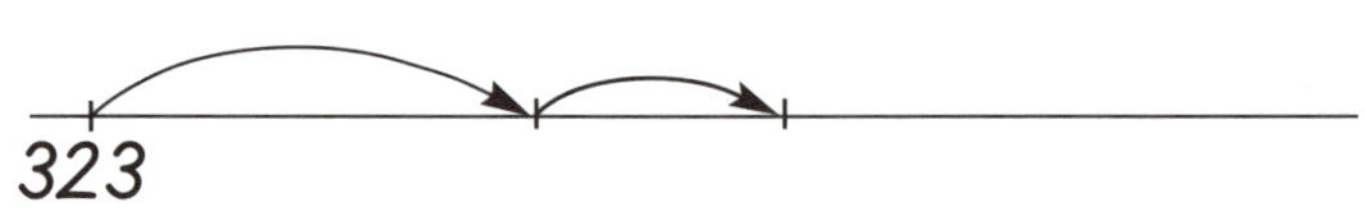

d) 482 + 231 = 713

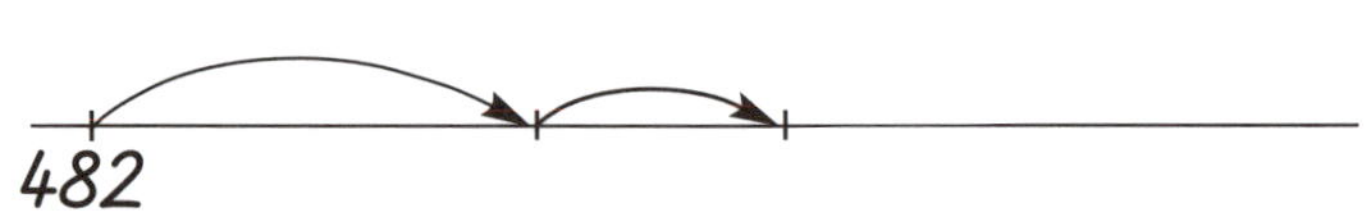

© 2008 Oldenbourg Schulbuchverlag GmbH

Rechnen mit Zwischenstopp ⊖

1 Der Rechenstrich hilft:

a) 719 – 176 = ____

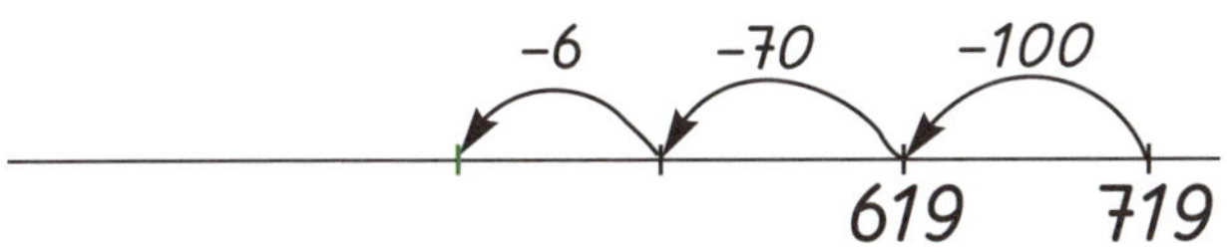

b) 653 – 238 = ____

c) 572 – 345 = ____

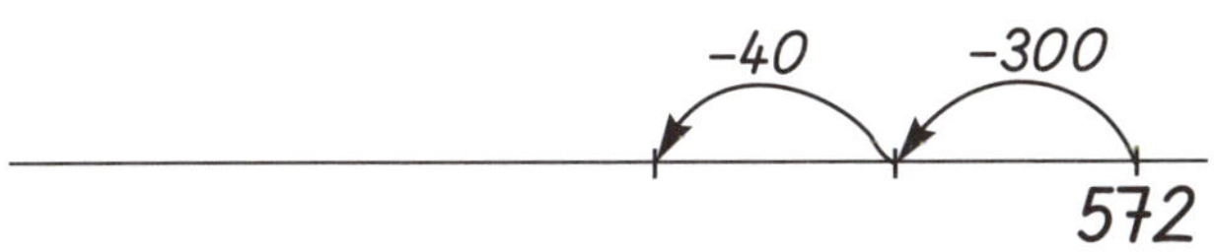

d) 929 – 657 = ____

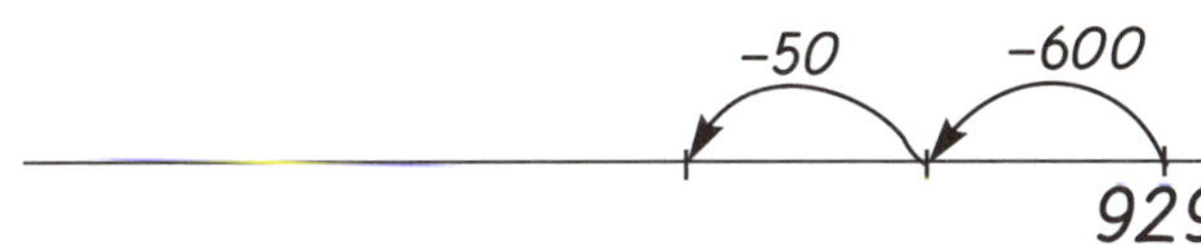

e) 468 – 292 = ____

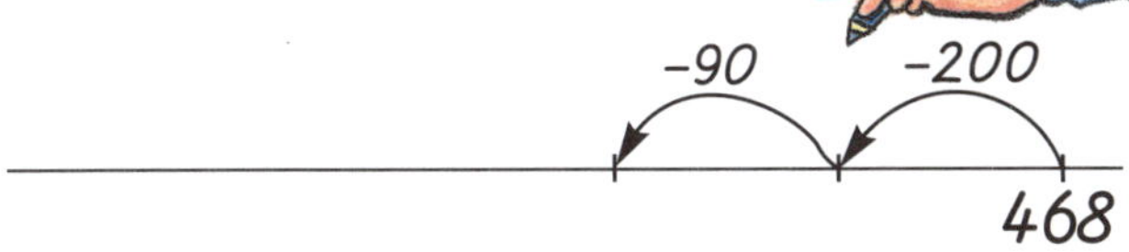

f) 376 – 184 = ____

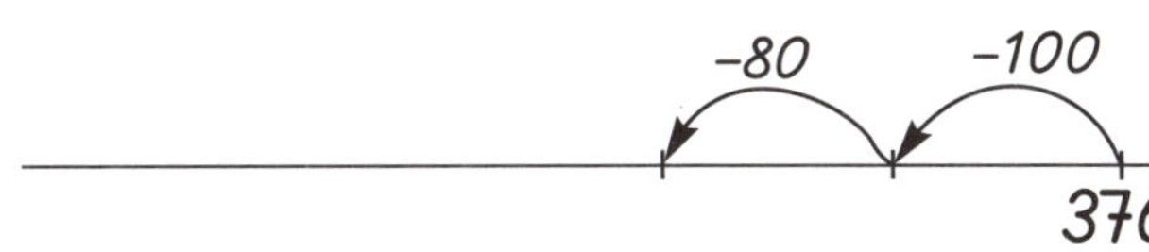

2 Welche Ergebnisse sind falsch?
Überprüfe mit dem Rechenstrich.
Schreibe die richtigen Lösungen dazu.

Zwei sind richtig, zwei sind falsch!

a) 637 – 345 = 282

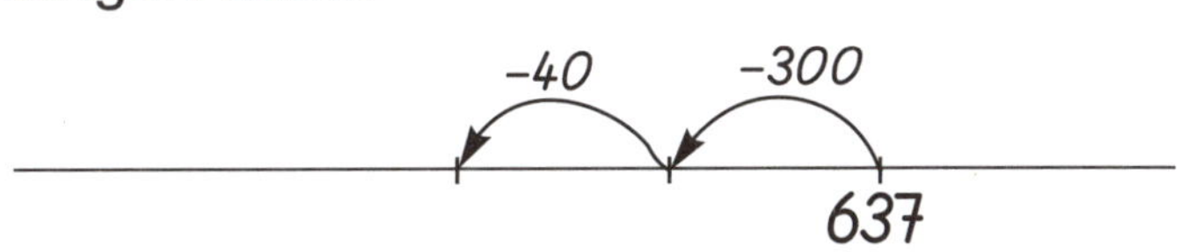

b) 898 – 536 = 362

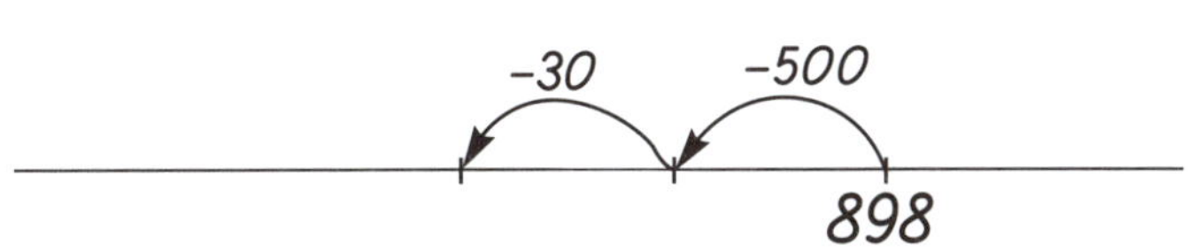

c) 555 – 468 = 87

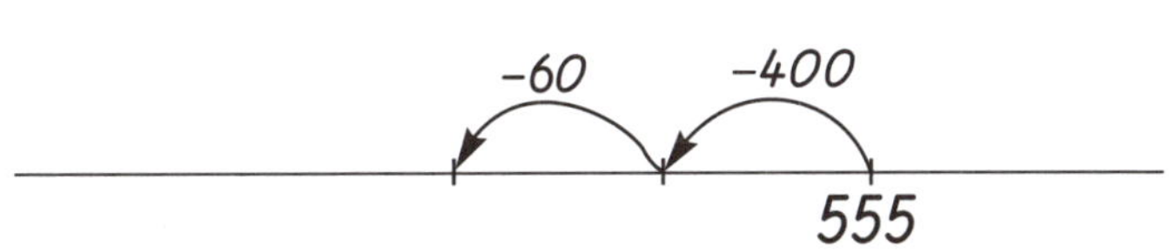

d) 769 – 275 = 594

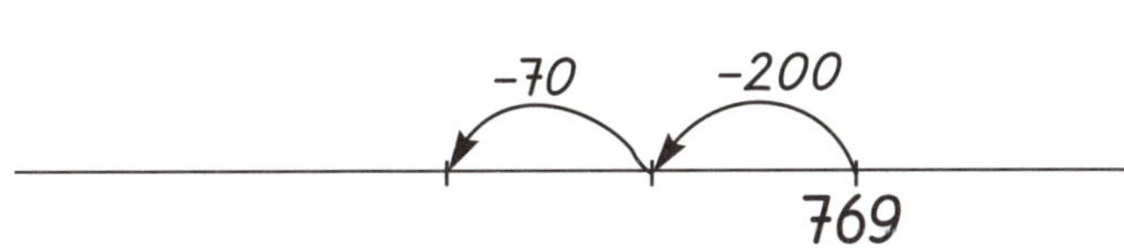

© 2008 Oldenbourg Schulbuchverlag GmbH

❶ Zeichne und rechne.

a)

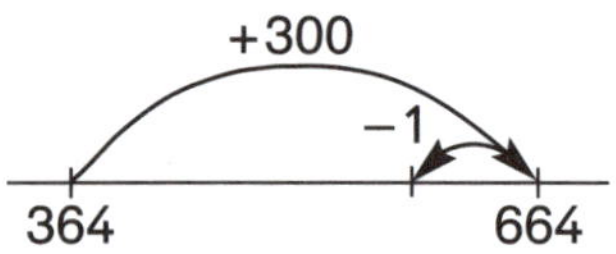

364 + 299 = ____

678 + 197 = ____

452 + 490 = ____

b)

473 + 198 = ____

395 + 299 = ____

562 + 290 = ____

c)

824 + 195 = ____

743 + 98 = ____

256 + 296 = ____

❷ Zeichne und rechne.

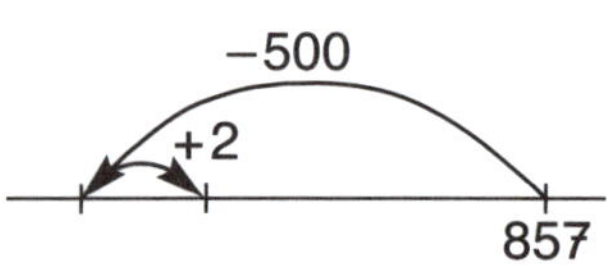

857 − 498 = ____

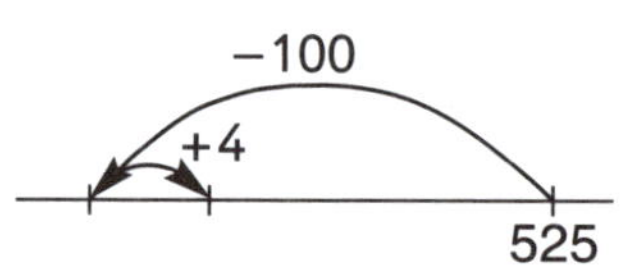

525 − 96 = ____

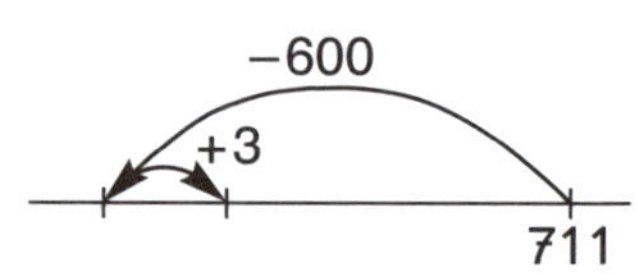

711 − 597 = ____

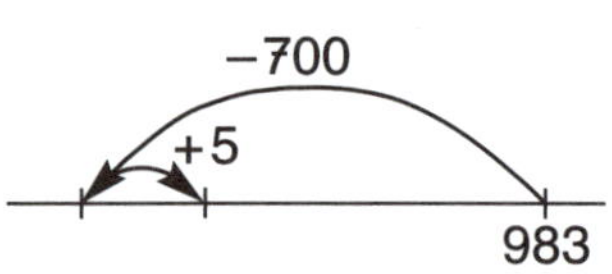

983 − 695 = ____

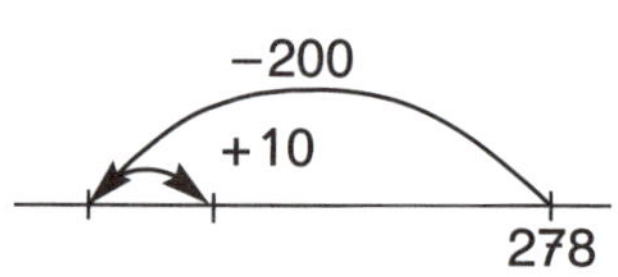

278 − 190 = ____

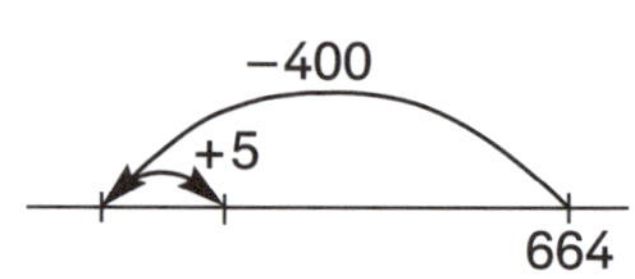

664 − 395 = ____

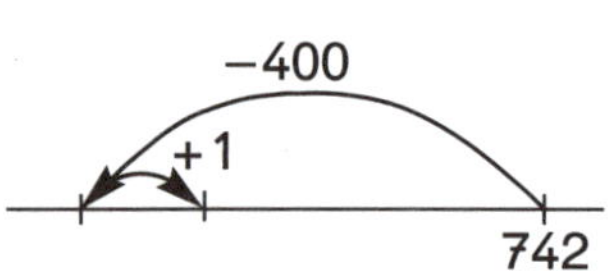

742 − 399 = ____

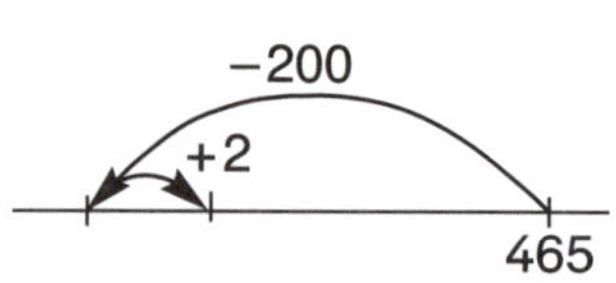

465 − 198 = ____

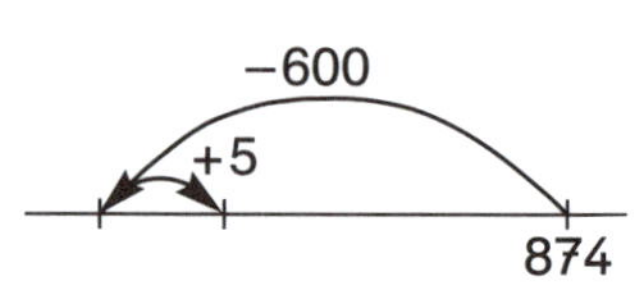

874 − 595 = ____

© 2008 Oldenbourg Schulbuchverlag GmbH

❶ Schau genau!

a)	b)	c)
400 – 398 = ____	674 – 672 = ____	502 – 499 = ____
600 – 599 = ____	356 – 355 = ____	502 – 498 = ____
300 – 297 = ____	928 – 924 = ____	502 – 497 = ____
700 – 699 = ____	713 – 710 = ____	502 – 495 = ____
500 – 496 = ____	839 – 835 = ____	502 – 494 = ____
800 – 795 = ____	577 – 573 = ____	502 – 492 = ____

❷ Welcher Ballon gehört zu welchem Korb?

❸ Fehler schnell erkannt:

a)	b)
597 + 354 = 951 ____	336 – 198 = 138 ____
236 + 399 = 535 ____	728 – 95 = 633 ____
618 + 196 = 813 ____	473 – 297 = 276 ____
475 + 290 = 765 ____	982 – 499 = 484 ____
342 + 399 = 641 ____	865 – 299 = 566 ____

© 2008 Oldenbourg Schulbuchverlag GmbH

Bist du fit?

Rechnen bis 1000

❶ Fünfhunderterfreunde

❷ Vorsicht!

400 + 3 = ____	80 + 7 = ____	300 + 30 = ____
40 + 30 = ____	80 + 70 = ____	30 + 3 = ____
400 + 30 = ____	800 + 70 = ____	30 + 30 = ____
400 + 33 = ____	800 + 7 = ____	300 + 33 = ____
400 + 300 = ____	800 + 77 = ____	300 + 300 = ____

❸ Rechnen mit Zwischenstopp

a) 624 + 287 = ____ 356 + 469 = ____

b) 982 – 346 = ____ 763 – 539 = ____

❹ Schau genau!

a)	b)	c)
800 – 796 = ____	700 – 699 = ____	465 – 462 = ____
500 – 499 = ____	700 – 698 = ____	827 – 820 = ____
900 – 895 = ____	700 – 696 = ____	678 – 675 = ____
600 – 597 = ____	700 – 694 = ____	536 – 506 = ____

© 2008 Oldenbourg Schulbuchverlag GmbH

❶ Schreibe mit Komma.

3 m 25 cm = *3,25 m*	8 m 4 cm = ______	904 cm = ______
6 m 71 cm = ______	4 m 6 cm = ______	370 cm = ______
7 m 20 cm = ______	5 m 9 cm = ______	821 cm = ______

❷ Schreibe in cm.

4 m 61 cm = *461 cm*	4,50 m = ______	7,03 m = ______
3 m 88 cm = ______	5,12 m = ______	4,70 m = ______
2 m 8 cm = ______	8,19 m = ______	8,21 m = ______

❸ Immer 3 Angaben gehören zusammen? Färbe sie gleich.

6 m 12 cm	2 m 16 cm	6,12 m	600 cm	216 cm
6 m	6 m 2 cm	612 cm	6,00 m	6,20 m
6 m 20 cm	620 cm	6,02 m	2,16 m	602 cm

❹ Welche Zeichnung passt zu welcher Geschichte?
Schreibe die passende Rechnung dazu.

a) Claudia ist 1,27 m groß. Sie ist 34 cm größer als ihr Bruder Mark.

R: ______

A: ______

b) Tatjana und ihre Puppe sind zusammen so groß wie Mama. Tatjana ist 1,28 m, die Puppe ist 44 cm groß.

R: ______

A: ______

c) Tanja und ihre Schwester sind zusammen so groß wie Vater. Tanja ist 1,10 m und ihr Vater 1,87 m groß.

R: ______

A: ______

d) Anja ist 1,27 m groß, 34 cm kleiner als ihr Bruder Tobias.

R: ______

A: ______

☐

☐

☐

☐

© 2008 Oldenbourg Schulbuchverlag GmbH

Millimetergenau!

❶ Miss genau.

a) Welcher dicke Strich ist länger?

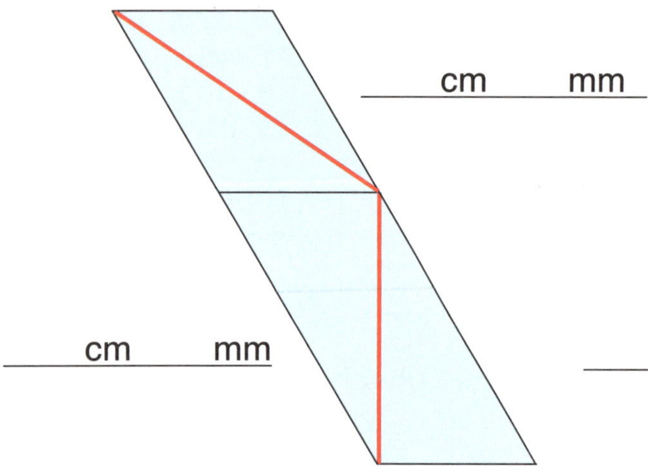

b) Ist der Punkt gleich weit entfernt von der Spitze und der unteren Seite des Dreiecks? ______

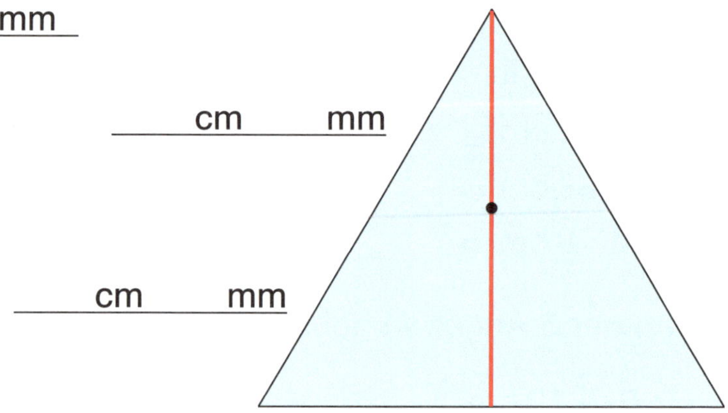

❷ Wie hoch sind die Türme? Miss genau.

______ ______ ______ ______ ______

❸ Zeichne die Strecken.

a)

18 mm
20 mm
13 mm
32 mm

b)

2 cm 3 mm
5 cm 1 mm
3 cm 5 mm
4 cm 4 mm

❹ Wandle um.

a) 4 cm 3 mm = ____ mm
11 cm 9 mm = ____ mm
7 cm 3 mm = ____ mm

b) 93 mm = ____ cm ____ mm
100 mm = ____ cm ____ mm
55 mm = ____ cm ____ mm

❺ a) Schreibe in mm.

0,4 cm = ____ mm
6,4 cm = ____ mm
64 cm = ____ mm

b) Schreibe mit Komma.

3 cm 5 mm = ____ cm
5 cm 3 mm = ____ cm
0 cm 6 mm = ____ cm

© 2008 Oldenbourg Schulbuchverlag GmbH

❶ Im Eiscafe gibt es 4 Sorten Eis.

Schokolade Erdbeer Pistazie Aprikose

Katharina wählt 3 verschiedene Kugeln Eis aus.
Welche Möglichkeiten gibt es? Färbe.

❷ Stefan hat 3 kurze Hosen und 4 T-Shirts.

Welche verschiedenen Kombinationen kann er bilden?

❸ 5 Leute treffen sich.
Jeder gibt jedem die Hand.
Wie oft werden Hände geschüttelt?
Zeichne ein.

© 2008 Oldenbourg Schulbuchverlag GmbH

❶ Florian, Stefan, Sarah, Andreas und Sabine treffen sich im Schwimmbad. Florian ist 2 Jahre jünger als Stefan, aber ein Jahr älter als der neunjährige Andreas. Sabine ist 1 Jahr jünger als Stefan, aber 3 Jahre älter als Sarah. Wie alt sind die Kinder?

Florian: ____ Jahre Stefan: ____ Jahre Sarah: ____ Jahre

Andreas: ____ Jahre Sabine: ____ Jahre

❷ Markus und Simone haben Kirschen gegessen. Markus hat 6 mehr gegessen als Simone. Insgesamt waren es 24 Kirschen.
Wie viele Kirschen hat jeder gegessen?

Antwort: ______________________________

❸ Suche immer 2 gerade Zahlen, deren Summe 12 ergibt.
Wie viele Möglichkeiten findest du? Schreibe auf.

❹ Setze die Zahlen jeweils so in die magischen Quadrate ein, dass waagrecht, senkrecht und diagonal jeweils die gleiche Summe entsteht.

a) 28 29 30 35 36

33		
34	32	
		31

b) 24 25 27 28 31 21

		23
	26	
29		

© 2008 Oldenbourg Schulbuchverlag GmbH

___ ___ ___ ___ ___ ___

❶ Wie heißen diese Körper? Trage den richtigen Buchstaben ein.

ⓐ Kegel ⓒ Würfel ⓔ Pyramide
ⓑ Kugel ⓓ Quader ⓕ Zylinder

❷ Welcher Körper ist das? Schreibe auf.

a) Der Körper hat keine Kanten und Ecken: ______

b) Die 6 Flächen des Körpers sind gleich große Quadrate. Der Körper hat 12 Kanten und 8 Ecken: ______

c) Der Körper hat 3 Flächen, 2 davon sind Kreise. Der Körper sieht aus wie eine Walze: ______

d) Viele Schachteln sehen so aus. Der Körper hat 6 Flächen, die aber nicht alle gleich groß sind. Er hat 12 Kanten und 8 Ecken: ______

❸ Simsala möchte diesen ______ mit Papier bekleben.

a) Wie viele einzelne Flächen muss sie ausschneiden? ___

b) Wie müssen diese Flächen aussehen? Färbe die passende Fläche.

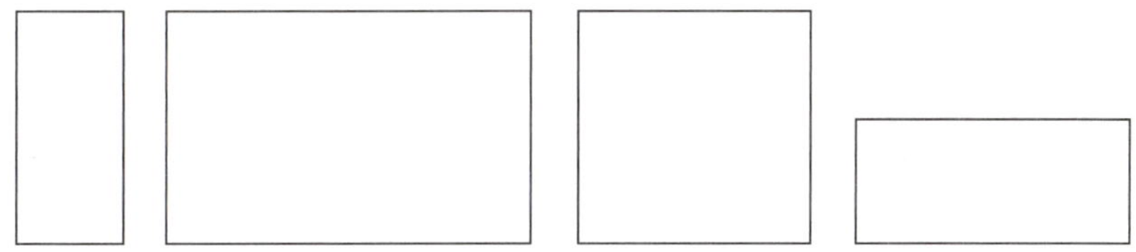

❹ Bim möchte aus Kugeln und Stäben ein Würfelmodell bauen. Vervollständige die Materialliste.

______ Kugeln ______ Stäbe

© 2008 Oldenbourg Schulbuchverlag GmbH

❶ Simsala hat jeden Körper dreimal in Sand gedrückt. Ordne zu.

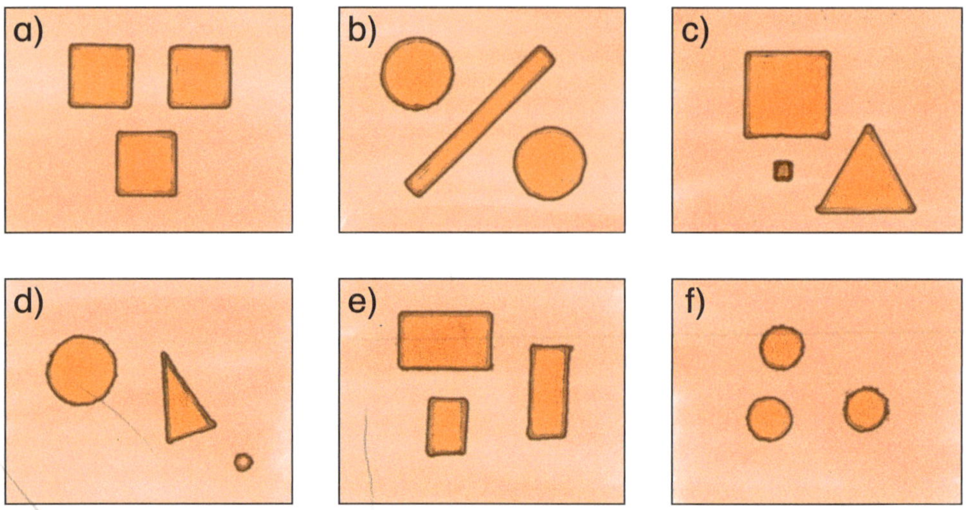

- ☐ Quader
- ☐ Kegel
- a) Würfel
- ☐ Zylinder
- ☐ Kugel
- ☐ Pyramide

❷ Welche Kamera hat welches Foto gemacht?

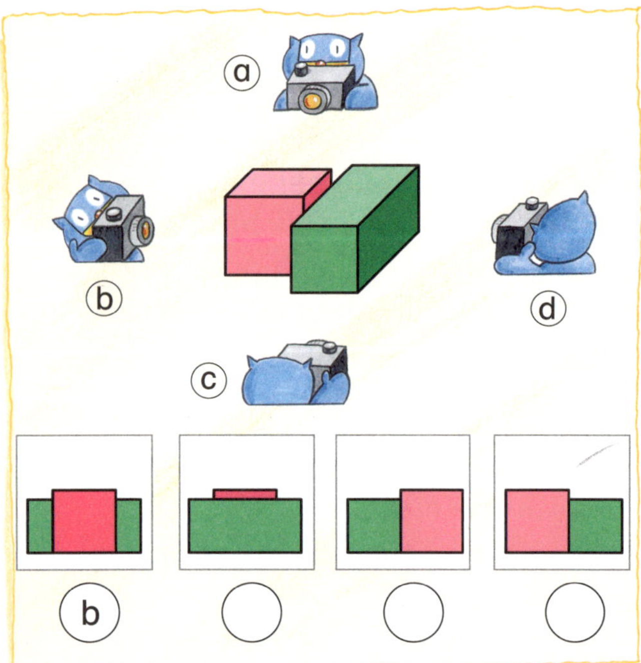

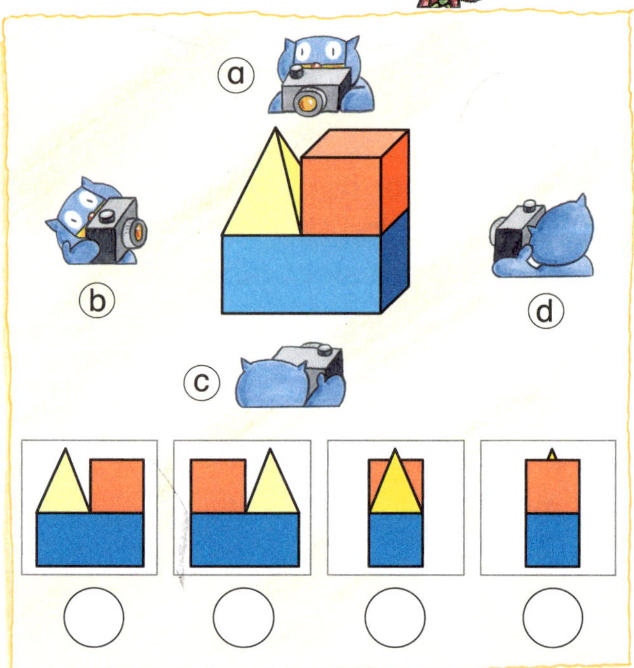

❸ Fotos

Standen die Klötze …

a) von vorn — von hinten — so — oder — so?

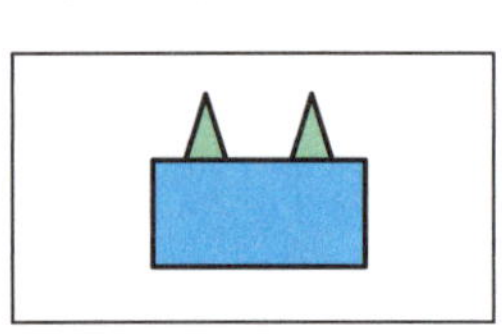
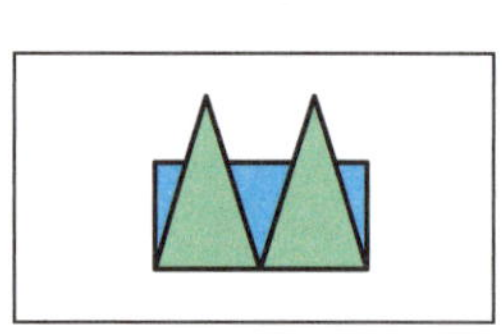
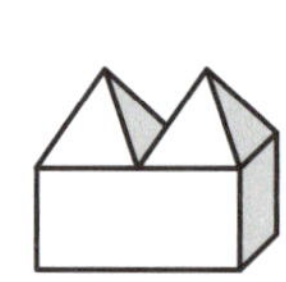
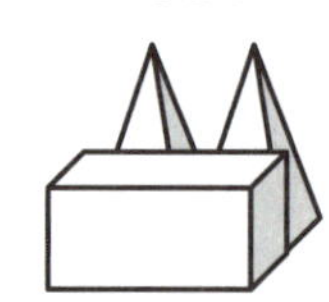

b) von vorn — von hinten

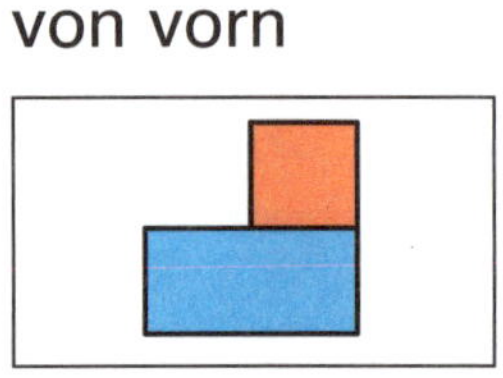

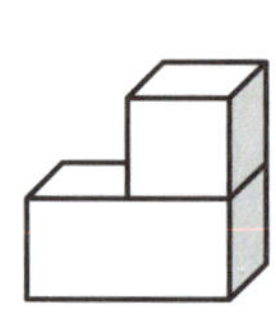
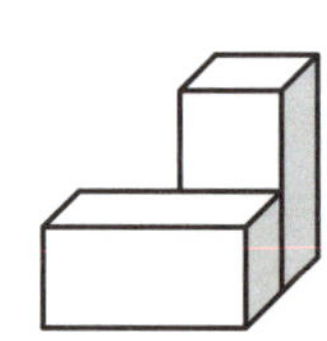

Streiche die falschen Klötze durch. Male die richtigen Klötze wie in den Fotos an.

© 2008 Oldenbourg Schulbuchverlag GmbH

❶ Aus welchen Netzen kann man einen Würfel falten? Färbe sie.

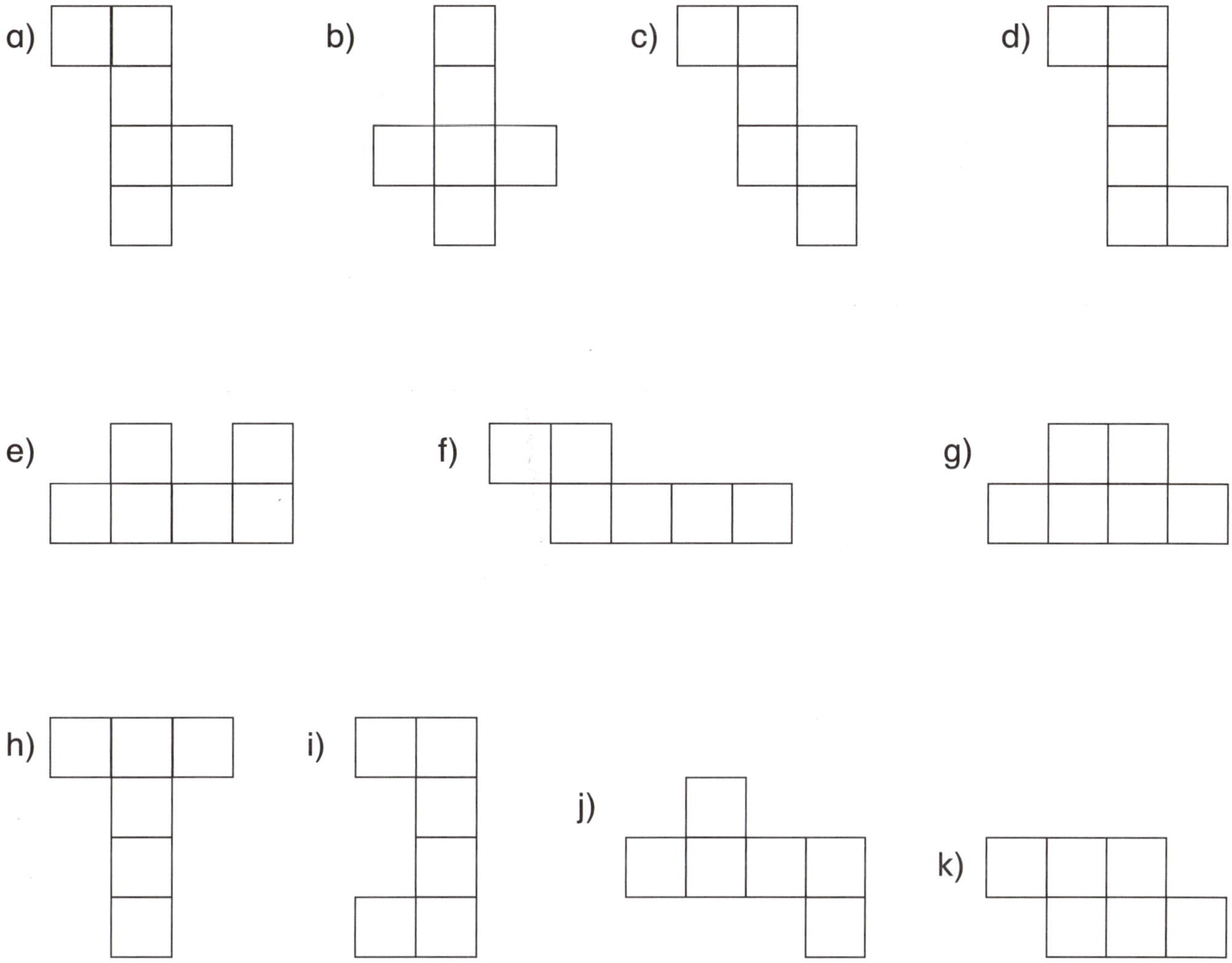

❷ Ergänze zu vollständigen Würfelnetzen.

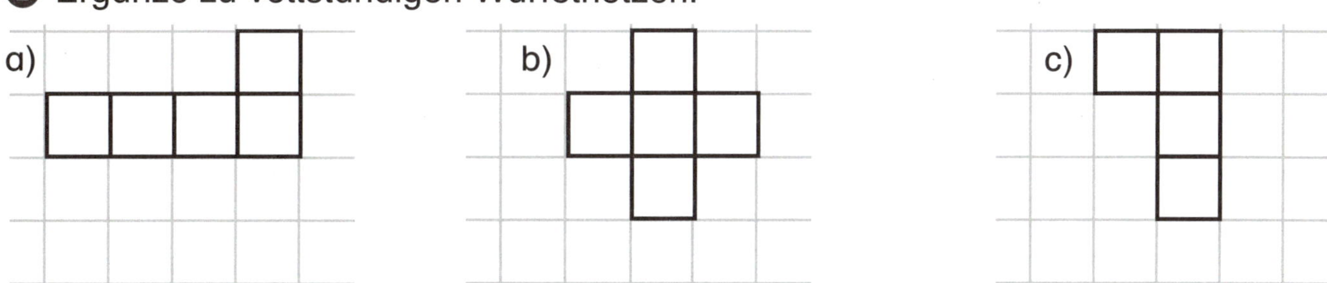

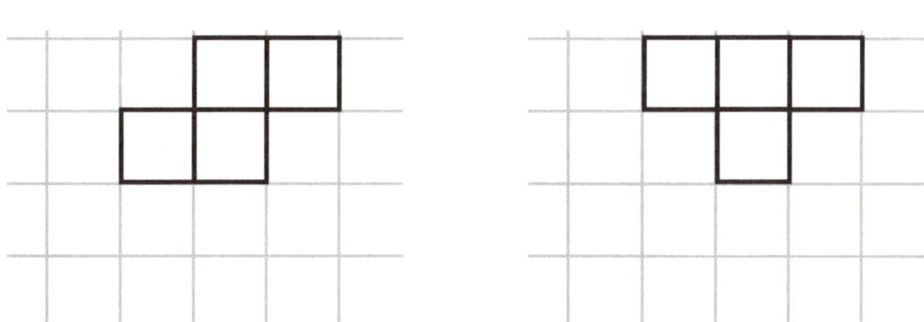

© 2008 Oldenbourg Schulbuchverlag GmbH

1 Anne ist 1,22 m groß. Ihre Schwester Sara ist halb so groß. Vater ist so groß wie beide zusammen.

Sara: ______________________________

Vater: ______________________________

2 Miss genau.

3 cm ___ mm = ___ mm

___ cm ___ mm = ___ mm

___ cm ___ mm = ___ mm

3 Körperformen: Was passt zusammen? Male in der gleichen Farbe an.

5 Ecken | 8 Ecken | 0 Ecken | 6 Ecken

Würfel

(e) 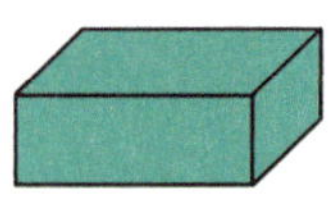

(a) 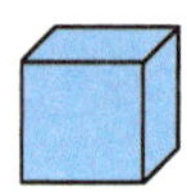

(d) 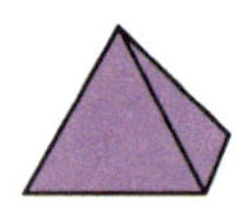

Prisma

(c) 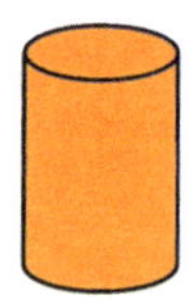

Kegel

(b) 

Quader

(f) 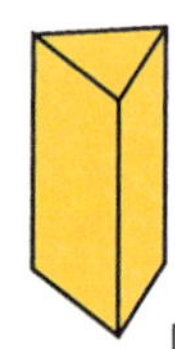

Zylinder | 8 Ecken | Pyramide | 1 Spitze / Ecke

4 Aus welchem Netzen kann man einen Würfel falten? Färbe sie.

a) 

b) 

c) 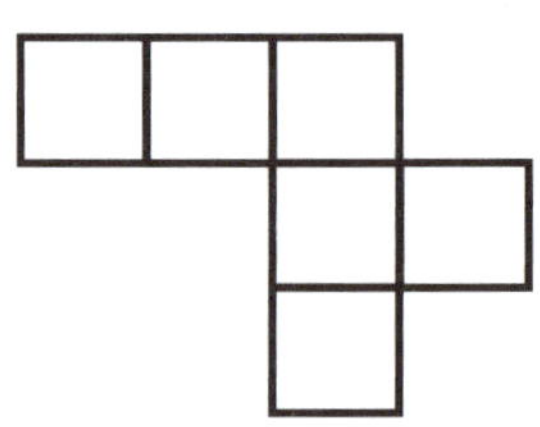

d) 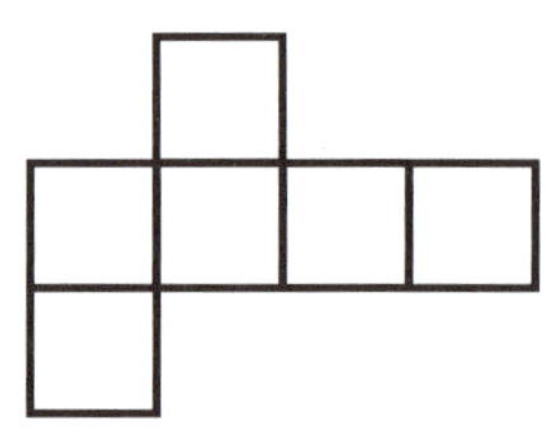

e) 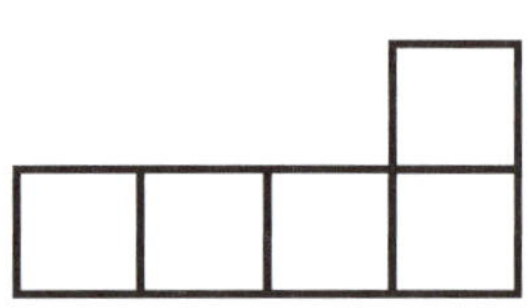

f) 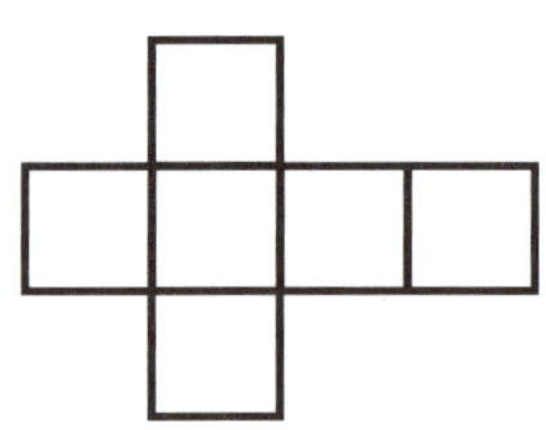

5 Andreas und Stefan haben zusammen insgesamt 42 €.
Andreas hat 8 € mehr als Stefan.
Wie viel Geld hat jeder?

Antwort: ______________________________

© 2008 Oldenbourg Schulbuchverlag GmbH

1 Rechne von unten nach oben.

… + … = ___	… + … = ___	… + … = ___
247 + 553 = ___	436 + 343 = ___	264 + 634 = ___
247 + 550 = ___	436 + 340 = ___	264 + 630 = ___
240 + 550 = ___	430 + 340 = ___	260 + 630 = ___
240 + 500 = ___	430 + 300 = ___	260 + 600 = ___
200 + 500 = ___	400 + 300 = ___	200 + 600 = ___

2 Die Zahlen auf der Lanze ergeben die Pfeilspitze.

- 430 | 170 | *300* → 900
- 360 | 130 | ___ → 800
- 230 | 230 | ___ → 820
- 660 | 150 | ___ → 1000
- 125 | 25 | 80 | ___ → 520
- 320 | 180 | 19 | ___ → 769
- 150 | 150 | 25 | 225 | 80 | 90 | 120 → ___
- 360 | 140 | 70 | 130 | 50 | 60 | ___ → 900

3 Zahlenmauern

Mauer 1 (unterste Reihe): 230 | 160 | 30

Mauer 2: oben 950; mittlere Reihe: 625 | ___; unterste Reihe: 410 | ___ | ___

4 Das Doppelte von…

500 → 250

300

265

175

320

380

5 Zahlenmauern

Mauer 1 (unterste Reihe): 110 | 290 | 210

Mauer 2: oben 600; mittlere Reihe: 340 | ___; unterste Reihe: 180 | ___ | ___

© 2008 Oldenbourg Schulbuchverlag GmbH

❶ Rechne von unten nach oben.

… – … = ____
878 – 426 = ____
878 – 420 = ____
870 – 420 = ____
870 – 400 = ____
800 – 400 = ____

… – … = ____
647 – 334 = ____
647 – 330 = ____
640 – 330 = ____
640 – 300 = ____
600 – 300 = ____

… – … = ____
966 – 543 = ____
966 – 540 = ____
960 – 540 = ____
960 – 500 = ____
900 – 500 = ____

❷ In welchem Feld müssen die Pfeile landen? Kennzeichne in derselben Farbe.

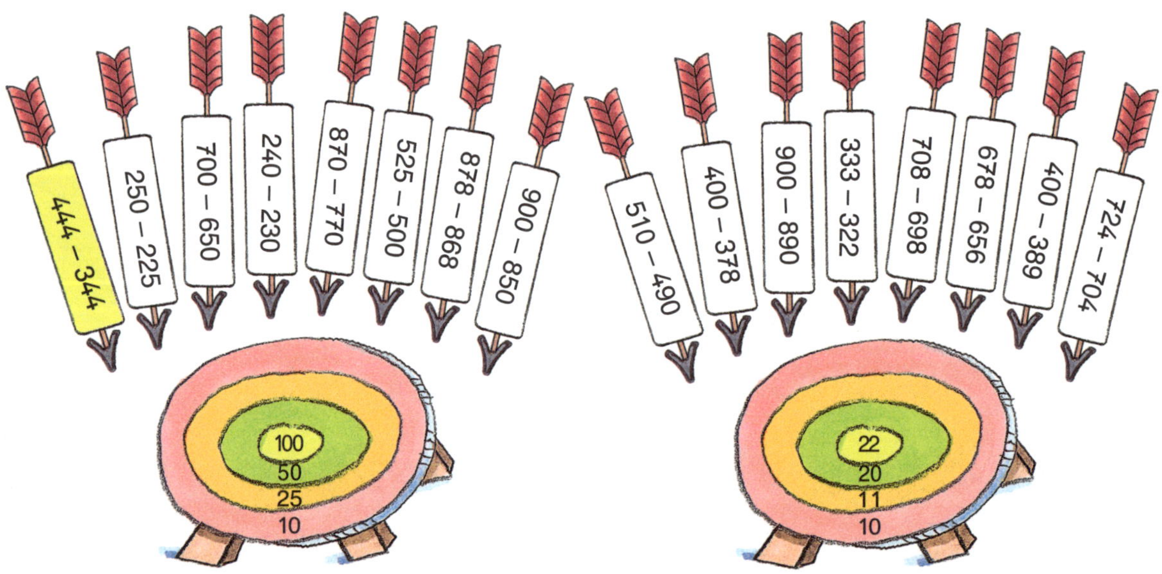

❸ Zahlenmauern

1000
550
200

850
725
670

❹ Die Hälfte von…

❺ Zahlenmauern

880
450
210

700
380
240

© 2008 Oldenbourg Schulbuchverlag GmbH

❶ Wie gehören die Zahlen zusammen? Verbinde.

ca. 200 · über 800 · etwa 60 · über 700

rund 700 · etwa 350 · über 70 · ca. 400

697 · 839 · 186 · 59 · 407 · 723 · 342 · 72

❷ a) So hoch wachsen Bäume. Zeichne ein Schaubild.

Eibe	ca. 15 m
Eiche	ca. 20 m
Feldahorn	ca. 10 m
Fichte	ca. 30 m
Hasel	ca. 15 m

Kastanie	ca. 25 m
Kiefer	ca. 35 m
Tanne	ca. 40 m
Redwood-Baum (Amerika)	ca. 110 m
Sequoia-Baum (Amerika)	ca. 95 m

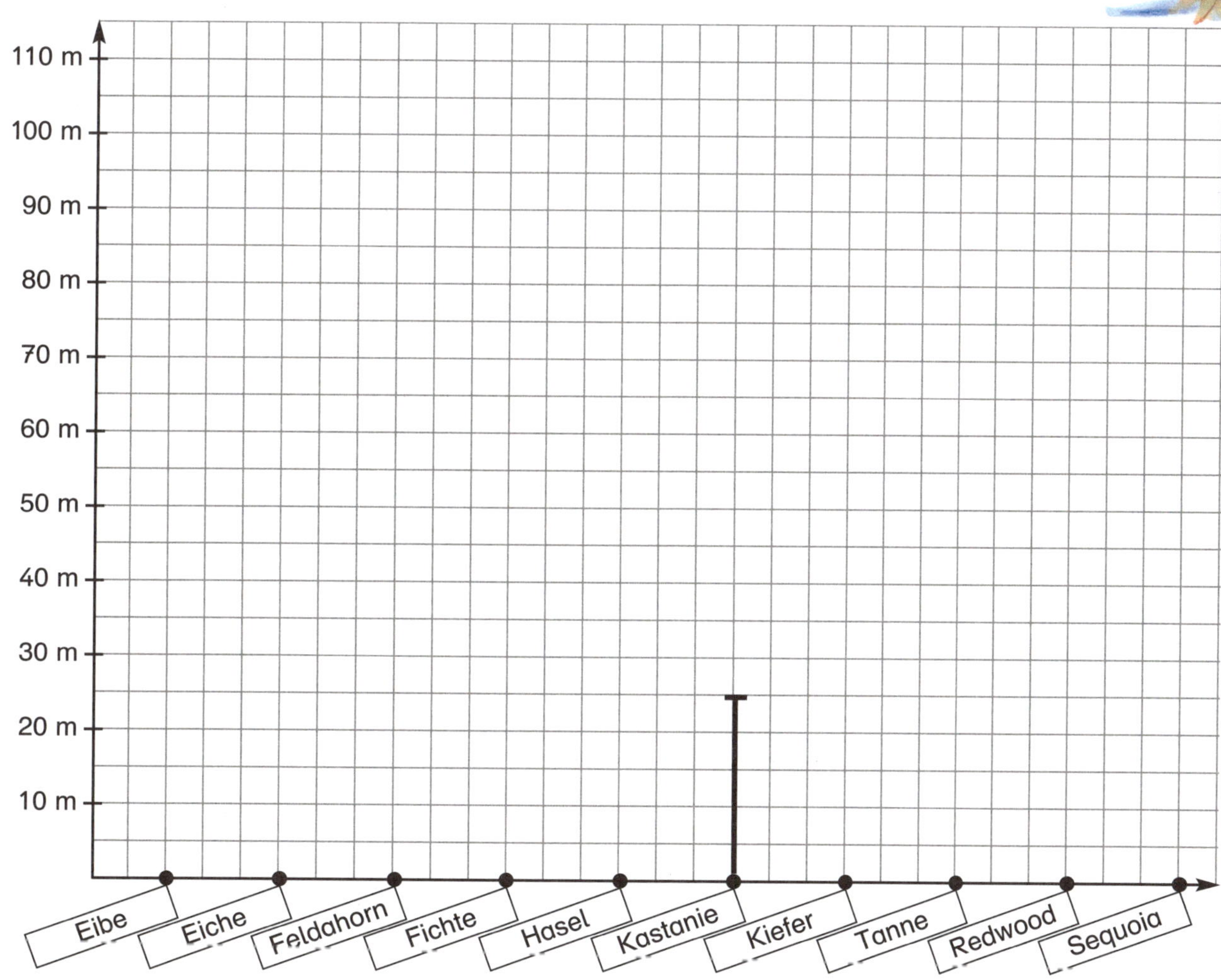

b) Wie groß wäre ein Mensch in deinem Schaubild? Überlege.

© 2008 Oldenbourg Schulbuchverlag GmbH

❶ Zahlenmauern:

a) Ergänze die fehlenden Zahlen. Was fällt dir auf?

80	100	120

80	120	100

100	80	120

b) Diese Grundsteine sind vorgegeben: 60 90 120

Setze sie so ein:

höchste Zielzahl

mittlere Zielzahl

kleinste Zielzahl

❷ Was fällt dir auf?

	500	
200		
50		

	500	
200		
100		

	500	
200		
150		

❸ Probiere und rechne:

	1000	
390		190

	400	
120		20

	500	
80		180

❹ Zahlenrätsel

a) Ich denke mir eine Zahl, verdoppele sie, subtrahiere 40 und erhalte 200. ____

b) Welche Zahl ist um 38 kleiner als 710? ____

c) Wenn ich zu meiner Zahl 90 addiere, erhalte ich 650. ____

© 2008 Oldenbourg Schulbuchverlag GmbH

❶ Leicht

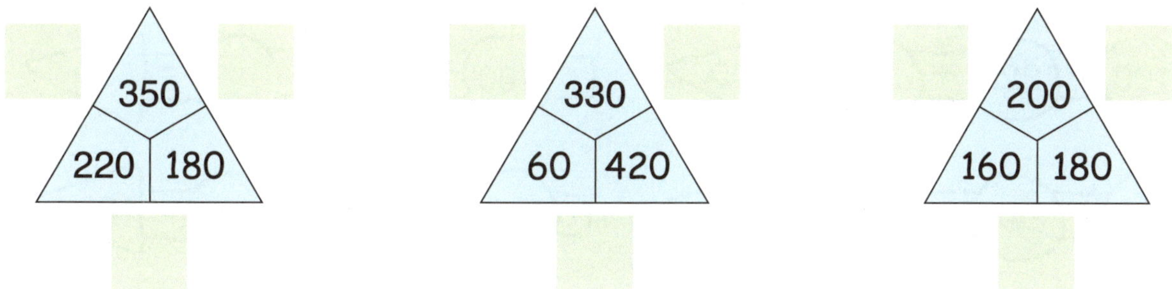

❷ Mittelschwer

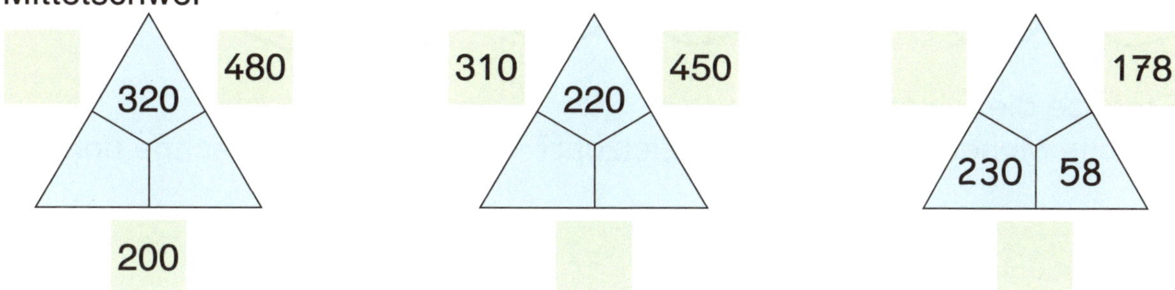

❸ Schwer

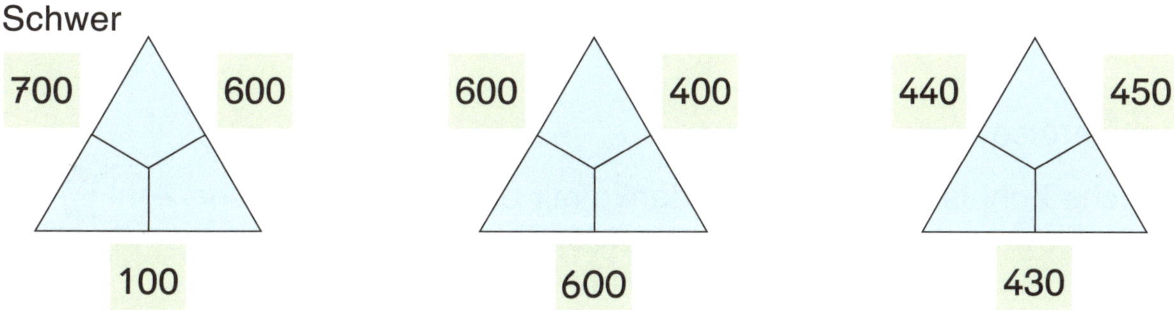

❹ Jede Frucht steht für eine Ziffer. Rechne aus.

a)

❺ Jedes Bild steht für eine Ziffer. Rechne aus.

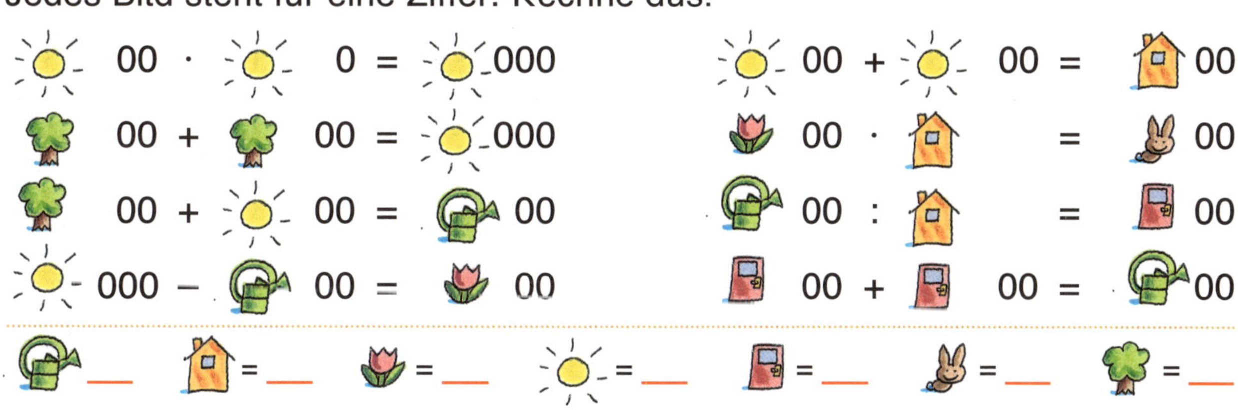

© 2008 Oldenbourg Schulbuchverlag GmbH

1 Die Zahlen auf der Lanze ergeben die Pfeilspitze.

180 + 220 + ___ = 700

160 + 160 + ___ = 550

550 + 240 + 120 = ___

310 + 410 + ___ = 1000

200 + 150 + 50 + 25 + 480 + 75 = ___

2 Ergänze die fehlenden Steine.
Welche Mauer hat die höchste Zielzahl? Vermute zuerst. Rechne dann.

60	80	100
60	100	80
100	60	80

3 Zahlenrätsel

Welche Zahl ist um 52 kleiner als 620? ____

Ich denke mir eine Zahl, verdoppele sie, subtrahiere 150 und erhalte 850. ____

Welche Zahl ist um 38 kleiner als 418? ____

Wenn ich meine Zahl halbiere und dann 48 addiere, erhalte ich 298. ____

Wenn ich zwei gleich große Zahlen addiere, erhalte ich 720. ____

Wenn ich zu meiner Zahl 80 addiere, erhalte ich 440. ____

4 Genau und ungefähr – Welche Zahlen gehören zusammen? Verbinde.

rund 300 | ca. 400 | etwa 550 | über 600 | ca. 800 | über 800 | etwa 100 | ca. 1000

288 | 790 | 542 | 409 | 844 | 980 | 622 | 88

© 2008 Oldenbourg Schulbuchverlag GmbH

❶ Umfahre alle Aufgaben mit Übertrag. Rechne alle Aufgaben.

229 + 537	146 + 821	535 + 356	453 + 237	762 + 234	339 + 446
365 + 427	682 + 317	181 + 593	623 + 294	118 + 461	451 + 285

❷ Rechne nur die Aufgaben mit Übertrag.

244 + 638	444 + 575	318 + 291	612 + 343	764 + 138	565 + 273
252 + 414 + 162	133 + 244 + 352	212 + 134 + 521	425 + 216 + 143	112 + 465 + 371	718 + 133 + 67

❸ Bim angelt die Fische ohne Übertrag, Simsala die mit einem Übertrag, Eulalia die mit 2 Überträgen. Verbinde.

© 2008 Oldenbourg Schulbuchverlag GmbH

❶ Schreibe stellengerecht untereinander und rechne:

a) 392 + 384 = ___ c) 565 + 188 = ___ e) 228 + 474 = ___
b) 787 + 62 = ___ d) 78 + 624 = ___ f) 653 + 94 = ___

a) b) c) d) e) f)

❷ Rechne nur die Aufgaben, deren Ergebnisse...

a) zwischen 400 und 500 liegen,

228 + 256   384 + 292   342 + 89   179 + 256   94 + 312   165 + 278

b) zwischen 700 und 800 liegen,

446 + 297   513 + 188   286 + 467   374 + 285   162 + 596   203 + 599

c) zwischen 500 und 600 liegen.

326 + 257   418 + 196   523 + 89   247 + 268   174 + 459   84 + 437

❸ Schöne Ergebnisse

646 + 242   260 + 431 + 308   238 + 225 + 118 + 85   192 + 66 + 315 + 104 + 211

© 2008 Oldenbourg Schulbuchverlag GmbH

❶ Suche in jeder Aufgabe den Fehler. Verbinde mit der passenden Lupe.

372	426	41	438
+ 485	+ 53	+ 422	+ 155
1			
867	956	832	583

681	327	54	536
+ 274	+ 368	+ 327	+ 117
	1		
855	696	867	643

❷ Immer 2 Aufgaben haben das gleiche Ergebnis.
Umrahme mit der gleichen Farbe.

356	615	157	97	536	529
+ 287	+ 319	+ 495	+ 386	+ 398	+ 468

623	412	267	415	218	213
+ 374	+ 380	+ 525	+ 228	+ 265	+ 439

❸ Schriftlich oder im Kopf?

333 + 333 = ___　　598 + 236 = ___　　235 + 698 = ___

446 + 330 = ___　　265 + 457 = ___　　557 + 166 = ___

384 + 267 = ___　　444 + 444 = ___　　412 + 252 = ___

© 2008 Oldenbourg Schulbuchverlag GmbH

Anika geht mit ihren Freundinnen Petra, Christine und Sarah über den Festplatz. Sie lesen die verschiedenen Angebote:
Eine Fahrt mit der Achterbahn kostet 1,80 €.
Einmal Pony-Reiten kostet 2 €, für 5,40 € kann man 3-mal reiten, 7-mal reiten kostet 10,50 €. Beim Autoskooter lesen sie: 1 Fahrt 2 €, 3 Fahrten 4,50 €, 8 Fahrten 10 €.
Eine Bratwurst kostet 2,20 €, eine Portion Pommes gibt es für 1,20 €.

❶ Lies den Text genau und beantworte dann diese Fragen:

a) Wie viel kostet eine Achterbahnfahrt? ________
b) Wie viel muss man für 3-mal Pony-Reiten bezahlen? ________
c) Wie teuer ist eine Bratwurst? ________
d) Wie heißen Anikas Freundinnen? ________________________
e) Was kosten 8 Fahrten mit dem Autoskooter? ____
f) Was kostet 1,20 €? ____________________
g) Was kostet 4,50 €? ______________________________

❷ Hier musst du auch rechnen.

a) Was kostet eine Achterbahnfahrt für alle Mädchen insgesamt?

Antwort: Sie kostet insgesamt ______

b) Ergänze die Tabelle: Beachte alle Ermäßigungen.

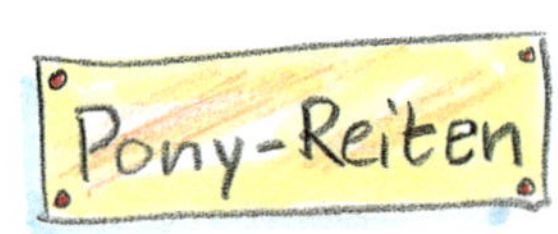

Preise Pony-Reiten:

1-mal reiten	2 €	5-mal reiten	______
2-mal reiten	______	6-mal reiten	______
3-mal reiten	______	7-mal reiten	______
4-mal reiten	______	8-mal reiten	______

c) Wie viel müssen die Mädchen beim Ponyreiten bezahlen, wenn jede 2-mal reitet?

Antwort: Sie müssen ________________.

d) Petra und Christine kaufen sich je eine Bratwurst, die beiden anderen Mädchen essen je eine Portion Pommes. Anika bezahlt für alle mit einem 10 € - Schein. Wie viel Geld bekommt sie zurück?

Antwort: Sie bekommt ________________.

© 2008 Oldenbourg Schulbuchverlag GmbH

❶ Umfahre die Aufgaben, bei denen du wechseln musst.
Rechne alle Aufgaben.

625 − 172	926 − 413	867 − 49	318 − 206	746 − 328
625 − 473	394 − 173	539 − 394	968 − 598	886 − 374

❷ Rechne nur die Aufgaben, bei denen du wechseln musst.

438 − 251	372 − 191	874 − 663	748 − 491	624 − 353
623 − 317	528 − 165	712 − 441	656 − 245	915 − 744

❸ Schreibe stellengerecht untereinander und rechne.

a) 377 – 213 = ___ c) 825 – 534 = ___ e) 676 – 89 = ___
b) 431 – 94 = ___ d) 938 – 329 = ___ f) 426 – 63 = ___

a) b) c) d) e) f)

❹ Schriftlich oder im Kopf?

434 – 333 = ___ 638 – 35 = ___ 840 – 274 = ___
563 – 417 = ___ 506 – 198 = ___ 803 – 304 = ___
601 – 99 = ___ 1000 – 251 = ___ 700 – 325 = ___
760 – 460 = ___ 302 – 99 = ___ 1001 – 502 = ___

© 2008 Oldenbourg Schulbuchverlag GmbH

❶ Rechne.

$\overset{5}{\cancel{6}}\overset{10}{0}7 - 372$	$\overset{6}{\cancel{7}}\overset{10}{0}9 - 453$	$6\overset{8}{\cancel{9}}\overset{10}{0} - 438$	$528 - 306$	$\overset{3}{\cancel{4}}\overset{2,\,10}{\cancel{3}}\overset{10}{0} - 288$
$870 - 334$	$408 - 243$	$660 - 417$	$707 - 521$	$550 - 167$
$930 - 642$	$606 - 426$	$770 - 528$	$506 - 428$	$440 - 151$

❷ Suche in jeder Aufgabe den Fehler. Verbinde mit der passenden Lupe.

$456 - 275 = 281$	$\overset{5}{\cancel{6}}\overset{10}{\cancel{1}}\overset{10}{4} - 368 = 256$	$30\overset{10}{7} - 126 = 281$

$703 - 236 = 939$	$4\overset{3}{\cancel{4}}\overset{10}{0} - 178 = 362$	$519 - 278 = 797$

❸ Schriftlich oder im Kopf?

502 – 497 = ___	401 – 375 = ___	570 – 103 = ___
604 – 290 = ___	1000 – 421 = ___	600 – 246 = ___
801 – 71 = ___	808 – 455 = ___	905 – 425 = ___

© 2008 Oldenbourg Schulbuchverlag GmbH

❶ Witzige Ergebnisse

777 − 543 | 856 − 178 | 988 − 532 | 412 − 289 | 663 − 96 | 864 − 519

❷ Rechne nur die 4 Aufgaben, deren Ergebnis zwischen 500 und 600 liegt.

947 − 381 | 713 − 137 | 881 − 295 | 644 − 281 | 789 − 245 | 887 − 176

❸ Suche in jeder Reihe die falschen Aufgaben.
Verbinde sie mit dem passenden Ball.

Rechne richtig:

586 − 129 = 458 (Übertrag: 7 über der durchgestrichenen 8) [f]
735 − 568 = 167 (Übertrag: 6 2 über der durchgestrichenen 7 und 3) [ ]
374 − 227 = 601 (Übertrag: 1 1) [ ]

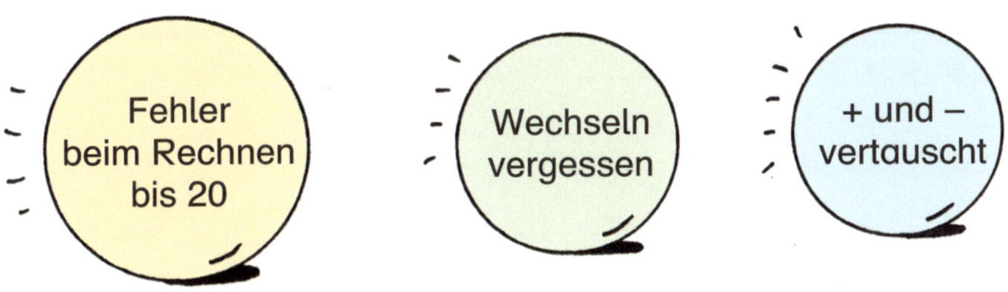

876 − 349 = 533 [ ]
623 − 587 = 36 (Übertrag: 5 1 über der durchgestrichenen 6 und 2) [ ]
986 − 719 = 265 (Übertrag: 7 über der durchgestrichenen 8) [ ]

❹ Bist du schon Rechenmeister?

541 − 263 | 924 − 762 | 537 − 381 | 422 − 260 | 253 − 161 | 620 − 186

953 − 667 | 419 − 275 | 845 − 650 | 731 − 575 | 643 − 274 | 318 − 187

© 2008 Oldenbourg Schulbuchverlag GmbH

Bist du fit?

Schriftlich rechnen, Sachaufgaben

1 Umfahre alle Aufgaben mit Übertrag. Rechne.

724	418	526	677	314
+ 165	+ 364	+ 283	+ 64	+ 523

2 Umfahre die Aufgaben, bei denen du wechseln musst.

968	724	556	882	457
− 457	− 518	− 373	− 633	− 243

3 Schreibe stellengerecht untereinander und rechne.

a) 476 + 28 = ___ c) 678 + 98 = ___ e) 574 − 76 = ___

b) 386 + 106 = ___ d) 947 − 276 = ___ f) 429 − 87 = ___

a) b) c) d) e) f)

4 Schriftlich oder im Kopf?

351 + 46 = ___ 758 + 142 = ___ 467 + 358 = ___

628 − 98 = ___ 956 − 236 = ___ 819 − 276 = ___

5 Mama, Papa, Franziska und Jonathan gehen auf das Volksfest.

Bratwurst 2,20 €
Pommes 1,20 €

Autoskooter
1 Fahrt 2 €
3 Fahrten 4,50 €
8 Fahrten 10 €

a) Franziska und Jonathan wollen beide zweimal Autoskooter fahren. Berechne den günstigsten Preis. ___

b) Mama und Papa kaufen je eine Bratwurst, Franziska und Jonathan jeweils Pommes. Berechne den Gesamtpreis. ___

c) Mutter zahlt mit einem 10-€ -Schein.
Wie viel Geld bekommt sie zurück? ___

© 2008 Oldenbourg Schulbuchverlag GmbH

Ein Kilometer - 1000 Meter

❶ Immer ein Kilometer: Ergänze.

1 km	
700 m	300 m
400 m	
	800 m
	200 m
900 m	

1 km	
350 m	
780 m	
	430 m
220 m	
	660 m

1 km	
451 m	
	338 m
722 m	
	546 m
912 m	

❷ Wandle um.

5000 m = ______ km ______ m

1020 m = ______ km ______ m

3500 m = ______ km ______ m

9000 m = ______ km ______ m

3 km 100 m = ______ m

7 km = ______ m

1 km 1 m = ______ m

1 km 10 m = ______ m

❸ Ergänze.

km	m	Angabe in Metern	Kommazahl
4	300	= 4300 m	= 4,3 km
6	800		= 6,8 km
8	500		
0	600		
		= 9700 m	
		= 5400 m	
		= 3700 m	
		= 800 m	
			= 3,3 km
			= 7,5 km
5	40		= 5,040 km
		= 3020 m	
			= 8,020 km
			= 5,005 km

Zahlenzauber D3 Arbeitsheft plus
© 2008 Oldenbourg Schulbuchverlag GmbH

Lukas, Martin und Bastian haben eine Radtour am Niederrhein gemacht.
Hier siehst du ihre Fahrtstrecke.

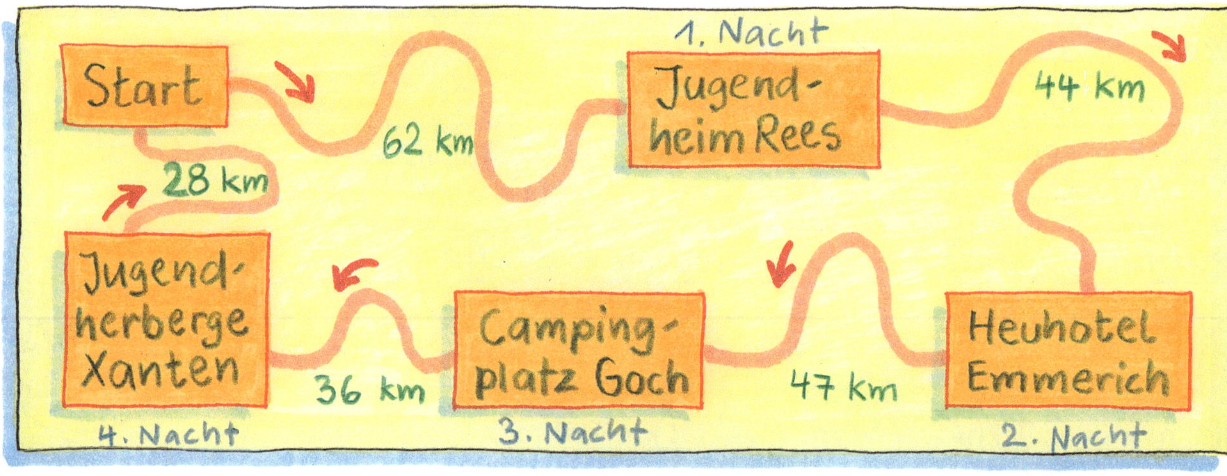

a) Wie viele km sind sie geradelt? ______

b) Sie sind am Sonntag losgeradelt, an welchem Wochentag waren sie zurück?

______

An einem Tag haben sie ihre Fahrtzeiten aufgeschrieben. Am "Heuhotel" in Emmerich sind sie um 9.00 Uhr gestartet. Pause machten sie von 10.30 Uhr bis 10.50 Uhr, von 13.00 Uhr bis 14.30 Uhr und von 15.30 Uhr bis 15.45 Uhr. Um 16.15 Uhr kamen sie am Campingplatz in Goch an.

c) Wie viele Stunden und Minuten saßen sie an diesem Tag auf ihren Rädern?

______

d) An der Jugendherberge in Xanten zählten sie 132 Fahrräder! Sie stellten ihre Räder dazu und sahen anschließend, wie 2 Gruppen mit 19 und 28 Radlern wegfuhren. Wie viele Räder standen zum Schluss da? ______

© 2008 Oldenbourg Schulbuchverlag GmbH

❶ Welche Überschläge passen am besten? Male an.

a) 453 + 151 + 386	400 + 200 + 400	400 + 100 + 300	500 + 200 + 400
b) 291 + 185 + 417	200 + 100 + 400	300 + 200 + 400	300 + 200 + 500
c) 367 + 158 + 275	400 + 100 + 300	400 + 200 + 300	300 + 100 + 200
d) 613 + 86 + 256	600 + 100 + 250	600 + 200	600 + 100 + 300
e) 508 + 79 + 187	600 + 200	600 + 100 + 200	500 + 100 + 200

Rechne nun genau. Vergleiche mit dem Überschlag.

a)

```
  4 5 3
  1 5 1
+ 3 8 6
-------
```

b) c) d) e)

❷ Richtig [r] oder falsch [f]? Überprüfe genau.

a) Rechne von unten nach oben. ↑

```
  4 5 6        2 8 7        7 0 3
+ 2 7 5     +    9 8     + 2 5 6
   1 1           1            1
-------      -------      -------
  7 3 1 □      2 8 5 □      9 6 9 □
```

Rechne richtig:

b) Rechne die Umkehraufgabe.

```
    4
  6 5̸ 3  ↗      4 3 5
− 2 1 8      + 2 1 8
-------      -------
  4 3 5 □
```

```
  7 0
  8̸ 1̸ 4
− 6 8 5
-------
  1 8 9 □
```

```
  8 1
  9̸ 2̸ 6̸
− 1 5 7
-------
  7 6 9 □
```

❸ Zielzahl 600. Immer 2 Zahlen gehören zusammen.

~~352~~ 445 376 432 ~~248~~ 503
117 168 97 483 224 155

```
  3 5 2
+ 2 4 8
   1 1
-------
  6 0 0
```


© 2008 Oldenbourg Schulbuchverlag GmbH

❶ Leon spart für das Fahrrad [1]. 137 € hat er bereits gespart. Seine Tante gibt ihm 50 € dazu. Er könnte jeden Monat 4 € von seinem Taschengeld sparen. Da am Fahrrad kein Licht montiert ist, braucht er ein Beleuchtungsset. Rechne aus:

a) Gesamtpreis ____________________

b) vorhandenes Geld ____________________

c) fehlendes Geld ____________________

d) So lange muss er sparen: ____________________

❷ Monikas Vater macht die 3 Fahrräder für die Familie "frühjahrsfit". Jedes Rad bekommt neue Fahrradmäntel und Beleuchtungssets.

a) Wie viel muss er dafür im Fahrrad-Markt bezahlen?

____

An der Kasse gibt es Werkzeug für 9,90 € im Sonderangebot. Das nimmt er auch noch mit.

b) Wie viel kostet ihn sein Einkauf insgesamt?

____

© 2008 Oldenbourg Schulbuchverlag GmbH

❶ Schreibe den genauen Zeitpunkt auf.

6.05 Uhr ______ ______ ______ ______ ______

18.05 Uhr ______ ______ ______ ______ ______

❷ Trage die genaue Uhrzeit ein.

16.35 Uhr | 13.27 Uhr | 8.15 Uhr | 10.21 Uhr | 22.58 Uhr | 4.22 Uhr

❸ Zeitspannen zeichnen: Färbe die Zeitspanne. Wie lange ist sie?

von 12.10 Uhr bis 12.24 Uhr	von 6.10 Uhr bis 6.24 Uhr	von 16.38 Uhr bis 16.52 Uhr	von 20.00 Uhr bis 20.15 Uhr	von 18.48 Uhr bis 19.07 Uhr	von 11.20 Uhr bis 12.15 Uhr
14 min	______	______	______	______	______

❹ Wandle um.

3 min 19 s = ______ s 215 s = ______ min ______ s

1 min 52 s = ______ s 315 s = ______ min ______ s

6 min 41 s = ______ s 415 s = ______ min ______ s

1 h 28 min = ______ min 115 min = ______ h ______ min

6 h 54 min = ______ min 515 min = ______ h ______ min

3 h 26 min = ______ min 255 min = ______ h ______ min

© 2008 Oldenbourg Schulbuchverlag GmbH

Vogeluhr

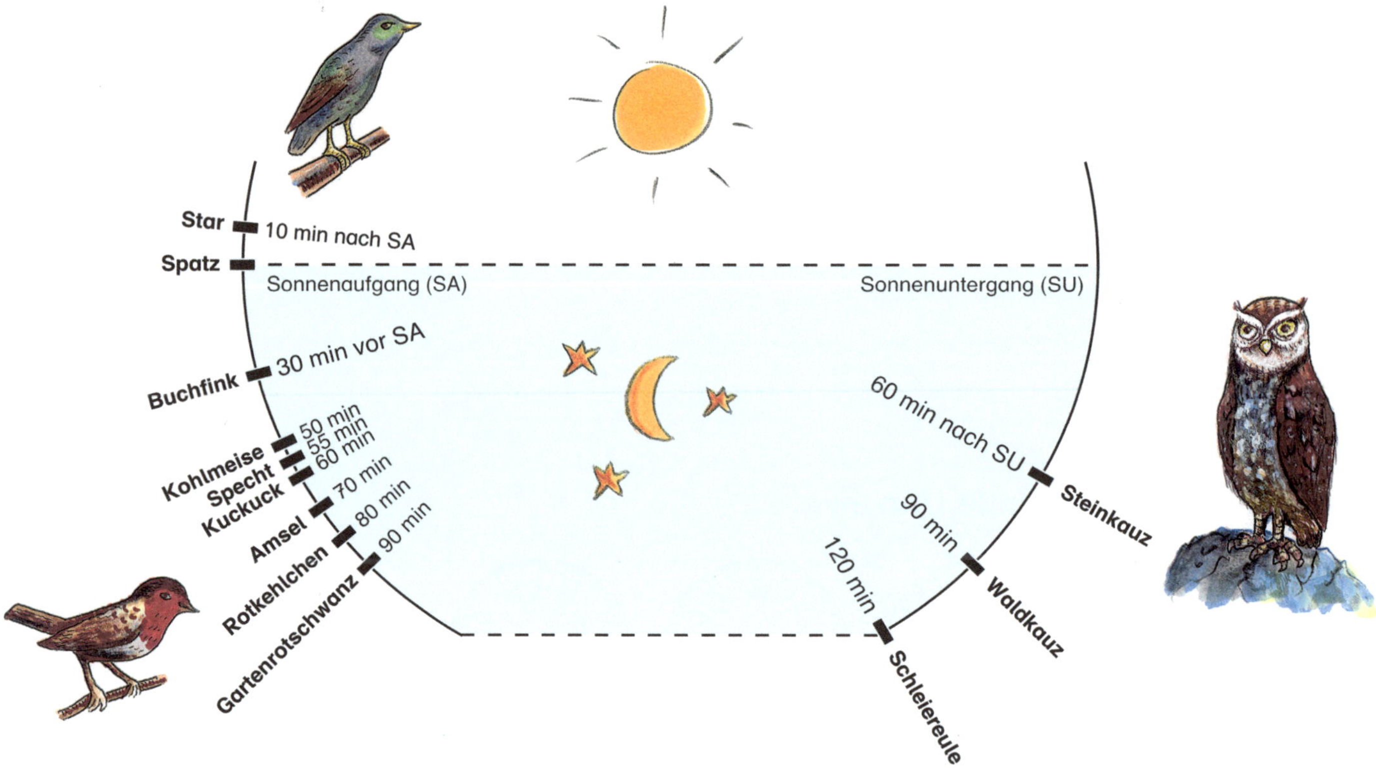

❶ Viele Vögel beginnen morgens schon vor Sonnenaufgang zu singen. An der Vogeluhr kannst du ablesen, wann sie anfangen.

		SA am 21.4. 6.12 Uhr	SA am 21.7. 5.36 Uhr
Garten-rotschwanz	90 min vor SA	4.42 Uhr	
Rotkehlchen			
Amsel			
Kuckuck			
Specht			
Kohlmeise			
Buchfink			
Spatz			
Star			

❷ Abends rufen Käuze und Eulen.

		SU am 21.4. 20.13 Uhr	SU am 21.7. 21.04 Uhr
Steinkauz	60 min nach SU	21.13 Uhr	
Schleiereule			
Waldkauz			

© 2008 Oldenbourg Schulbuchverlag GmbH

❶

a) Welches Bundesland begann als erstes mit den Ferien?

b) Welches Bundesland begann als letztes?

c) In welchen Bundesländern begannen die Ferien am 9.7. und endeten am 17.8.?

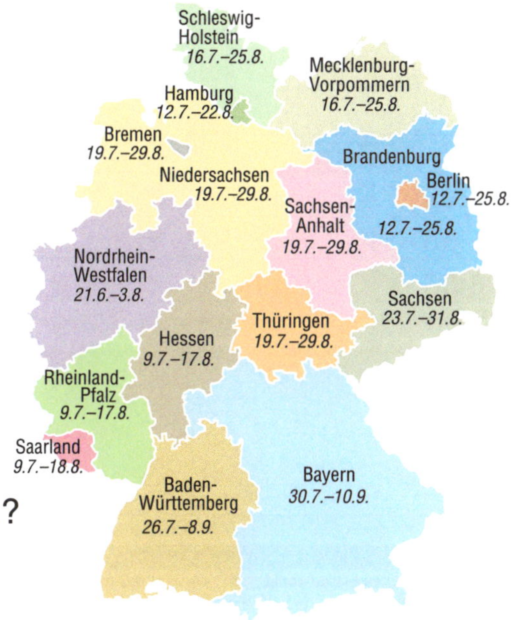

❷ Wie lang sind die Sommerferien in den folgenden Bundesländern?

Bundesland	Bayern	Baden-Württem-berg	Nordrhein-Westfalen	Hessen	Nieder-sachsen	Rheinland-Pfalz
Ferientage						

❸ In Nordrhein-Westfalen begannen die Herbstferien am 24.9. Wie viele Tage lagen zwischen dem Ende der Sommerferien und dem Beginn der Herbstferien?

❹ a) Du ziehst in den Sommerferien von Nordrhein-Westfalen nach Bayern. Wie viele Tage hast du Ferien?

b) Du ziehst zu Beginn der Ferien von Bayern nach Nordrhein-Westfalen. Wie viele Tage hast du Ferien?

❺ An welchen Tagen haben alle Schüler in Deutschland Sommerferien?

© 2008 Oldenbourg Schulbuchverlag GmbH

Stuttgart Hbf → München Hbf

Fahrplanauskunft

Ab	Zug			An
5:48	RE	4199	☕	9:02
5:53	IC	2291	🍴	8:21
6:56	ICE	699	🍴	9:21
7:12	ICE	991	🍴	9:34

Ab	Zug			An
7:58	IC	2293	☕	10:18
8:12	ICE	511	☕	10:34
8:53	EC	61	🍴	11:16
9:12	ICE	591		11:34
9:58	IC	2295	☕	12:18

❶ Wie lange dauert die Bahnfahrt mit dem IC 2293 von Stuttgart nach München?

7.58 Uhr ⟶ 10.18 Uhr

❷ Eine Zugart fährt stündlich von Stuttgart nach München.

a) Welche ist es?

____

b) Wie lange ist die Fahrtdauer?

____

❸ a) Berechne die Fahrtdauer der folgenden Züge:

IC 2291

____

ICE 991

____

RE 4199

____

EC 61

____

b) Berechne den Zeitunterschied zwischen der kürzesten und längsten Fahrtzeit.

____

© 2008 Oldenbourg Schulbuchverlag GmbH

1. Streichelgehege
2. Europa
3. Amerika
4. Aquarium
5. Affenhaus
6. Australien
7. Elefantenhaus
8. Dschungelzelt
9. Schildkrötenhaus
10. Afrika
11. Polarium
12. Kinderzoo
13. Asien
14. Villa Dracula
15. Groβvoliere

❶ Du betrittst den Zoo beim Eingang Isar.
Du willst auf dem kürzesten Weg zur „Villa Dracula“. Beschreibe den Weg.

❷ Du bist nun in der „Villa Dracula“ und musst auf die Toilette. Wie gehst du?

❸ „Wir waren bei den Vögeln an der Groβvoliere und gingen in Richtung Amerika-Abteilung. An der nächsten Ecke bogen wir rechts ab, dann wieder rechts. Wir kamen am ______________ vorbei und an der ______________ -Abteilung. Nun gingen wir links, dann wieder rechts und noch ein Stück geradeaus. Dann sahen wir das ______________ .“

© 2008 Oldenbourg Schulbuchverlag GmbH

Bist du fit?

Längen – Zeitspannen – Überschlag

1 Wandle um.

3 km 300 m = ______ m   5,8 km = ______ m   4030 m = ______ km

5 km 20 m = ______ m   6,02 km = ______ m   2500 m = ______ km

3 min 27 s = ______ s   286 s = ___ min ______ s   135 min = ___ h ______ min

7 min 15 s = ______ s   405 s = ___ min ______ s   333 min = ___ h ______ min

2 Überprüfe mit dem Überschlag.
Schreibe richtig [r] oder falsch [f].

253 + 273 = 496 [ ]   345 + 498 = 933 [ ]   647 + 234 = 881 [ ]

968 – 475 = 513 [ ]   612 – 395 = 217 [ ]   418 – 223 = 95 [ ]

3 Berechne die fehlenden Angaben.

Abfahrt Düsseldorf	8.08 Uhr	8.26 Uhr	8.52 Uhr	______	______
Ankunft Frankfurt	9.48 Uhr	10.13 Uhr	______	11.13 Uhr	13.13 Uhr
Fahrzeit	__ h __ min	__ h __ min	1h 32 min	1h 46 min	2h 47 min

4

a) Noah beginnt um 13.45 Uhr mit den Hausaufgaben.
Er braucht 25 Min.
Er ist um ______ Uhr fertig.

b) Das Telefon klingelt. Aaron will in einer Viertelstunde zu Besuch kommen.

Aaron kommt um ______ Uhr.

c) Elenas Wecker klingelt um 6.45 Uhr.

Elena hat dann ______ Stunden und ______ Minuten geschlafen.

5 Paula macht mit ihren Eltern eine Radtour von Plusstadt ins 126 km entfernte Mathehausen. Nach 2 Tagen haben sie 88 km geschafft.
Wie viele Kilometer müssen sie noch zurücklegen?

Antwort: ______________________________

____

© 2008 Oldenbourg Schulbuchverlag GmbH

1

a) $6 \cdot 1 =$ ___
$6 \cdot 10 =$ ___
$6 \cdot 100 =$ ___

b) $4 \cdot 1 =$ ___
$4 \cdot 10 =$ ___
$4 \cdot 100 =$ ___

c) $9 \cdot 1 =$ ___
$9 \cdot 10 =$ ___
$9 \cdot 100 =$ ___

2

a) $7 \cdot$ ___ $= 70$
$7 \cdot$ ___ $= 700$
$7 \cdot$ ___ $= 7$

b) $8 \cdot$ ___ $= 80$
$8 \cdot$ ___ $= 8$
$8 \cdot$ ___ $= 800$

c) ___ $\cdot 3 = 3$
___ $\cdot 3 = 30$
___ $\cdot 3 = 300$

3

$500 : 1 =$ ___
$500 : 10 =$ ___
$500 : 100 =$ ___

$700 : 1 =$ ___
$700 : 10 =$ ___
$700 : 100 =$ ___

$600 :$ ___ $= 6$
$600 :$ ___ $= 60$
$600 :$ ___ $= 600$

4

·10	
4	
8	
12	
16	
…	

·100	
	900
7	
	500
3	
	100

:10	
170	
250	
210	
	23
	27

:100	
900	
100	
	7
	4
600	

5 Labyrinth: Wie heißt die Zielzahl? Kreise sie ein.

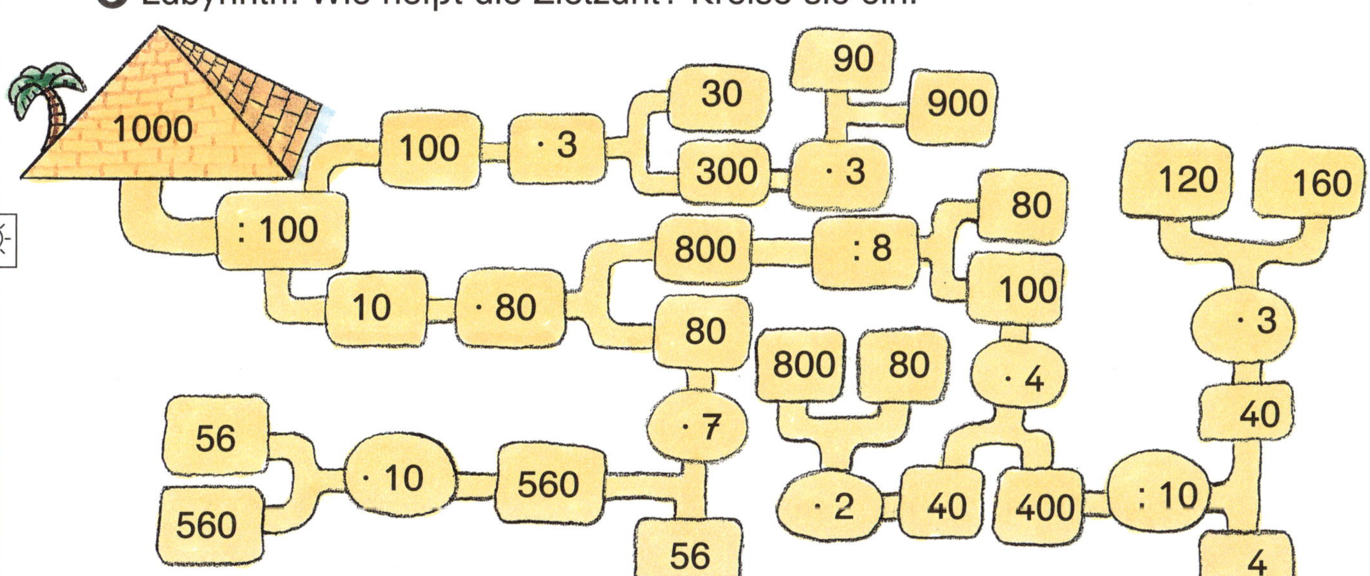

© 2008 Oldenbourg Schulbuchverlag GmbH

❶ Male die Segel mit verwandten Aufgaben in der gleichen Farbe aus. Rechne.

❷

❸ Schreibe 3 verwandte Aufgaben auf.

72 : 8 = ___	63 : 7 = ___	54 : 6 = ___
720 : 8 = ___	630 : 7 = ___	540 : ___ = ___
720 : 80 = ___	___ : ___ = ___	___ : ___ = ___

❹

160 : 8 = ___	180 : 60 = ___	80 : ___ = 20
400 : 8 = ___	300 : 6 = ___	160 : ___ = 40
240 : 8 = ___	360 : 60 = ___	240 : ___ = 6
560 : 80 = ___	300 : 60 = ___	400 : ___ = 50
480 : 80 = ___	540 : 6 = ___	560 : ___ = 70
800 : 80 = ___	420 : 60 = ___	500 : ___ = 10
720 : 8 = ___	600 : 6 = ___	450 : ___ = 90

© 2008 Oldenbourg Schulbuchverlag GmbH

❶

·	8	80	88
3			

·	3	30	33
8			

·	4	40	44
7			

·	7	70	77
8			

·	9	90	99
6			

·	5	50	55
5			

·	4	40	44
9			

·	9	90	99
4			

·	8	80	88
8			

❷ Rechne auf deinem Weg.

a) 76 · 8 = ____ 43 · 7 = ____ 52 · 3 = ____

b) 9 · 53 = ____ 7 · 56 = ____ 3 · 76 = ____

c) 65 · 4 = ____ 6 · 53 = ____ 8 · 43 = ____

❸ Schriftlich oder im Kopf?

a) 4 · 98 = ____ 3 · 55 = ____ 37 · 6 = ____

b) 7 · 51 = ____ 4 · 37 = ____ 69 · 6 = ____

© 2008 Oldenbourg Schulbuchverlag GmbH

❶

:	4
360	
16	
376	

:	9
360	
81	
441	

:	6
360	
36	
396	

:	7
14	
210	
224	

:	5
250	
35	
285	

:	8
32	
640	

:	3
150	
21	

:	6
300	
12	
312	

:	8
400	
56	
456	

:	7
420	
28	
448	

❷ Rechne auf deinem Weg.

232 : 4 = ____ 279 : 9 = ____ 512 : 8 = ____

462 : 6 = ____ 469 : 7 = ____ 222 : 3 = ____

475 : 5 = ____ 688 : 8 = ____ 224 : 7 = ____

❸ Schriftlich oder im Kopf?

a) 395 : 5 = ____ 124 : 4 = ____ 648 : 8 = ____

b) 186 : 6 = ____ 297 : 3 = ____ 224 : 7 = ____

© 2008 Oldenbourg Schulbuchverlag GmbH

❶ Kennst du noch unsere Vergleichsgewichte?

____ kg ____ g ____ g 100 g ____ g ____ g ____ g

= ____ g

❷ a) 500 g

____ Becher Margarine ____ Tafeln Schokolade ____ Päckchen Butter

____ Brötchen ____ Nussriegel ____ Gummibärchen

b) 100 g

____ Brötchen ____ Gummibärchen ____ Nussriegel

❸ Berechne die fehlenden Zahlen.

	Birne	Orange	Pfirsich	Nektarine	Kiwi	Pflaume	Apfel
Fruchtfleisch	142 g	206 g		68 g	59 g	46 g	
Kernhaus, Schale, ...		65 g	13 g	5 g		3 g	19 g
Gesamtgewicht	175 g		148 g		74 g		192 g

Wie schwer ist jeder Obstkorb?

a)

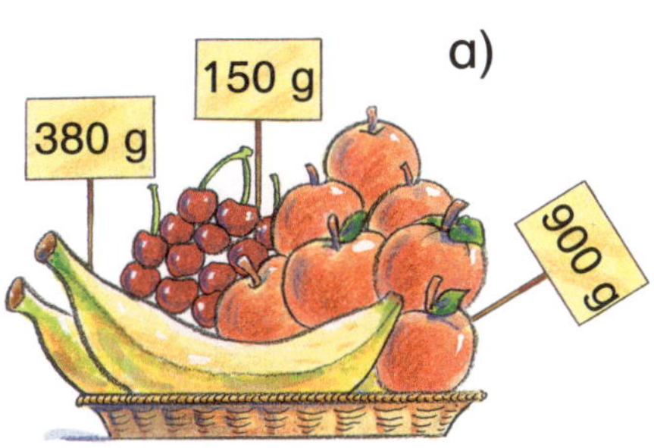

b)

c)

© 2008 Oldenbourg Schulbuchverlag GmbH

❶ Wie viel darf die Schultasche wiegen?

Körpergewicht kg	:10 → Gewicht der Schultasche kg	Gewicht der Schultasche g
23	2	300
24		
25		
26		
27		
28		

Körpergewicht kg	:10 → Gewicht der Schultasche kg	Gewicht der Schultasche g
32		
33		
34		
35		
36		
37		

❷ Schultaschenrätsel

a) Marlene: Meine Schultasche wiegt 1 kg 460 g. Was habe ich eingepackt?

	kg	g
Schultasche		900
	1	460

b) Franz: Ich habe nur Bücher eingepackt. Meine Tasche wiegt 1 kg 870 g.

	kg	g
Schultasche		900
	1	870

c) Paolo: Ich werde alles einstecken.

kg	g
	900

d) Paolo wiegt 31 kg. Was rätst du ihm?

© 2008 Oldenbourg Schulbuchverlag GmbH

❶ Hilf Simsala und Bim, die Lücken in ihrem Forscherbuch zu füllen.

Name	Steini-Dino	Aqua-Dino	Duplo-Dino	Gumbo-Dino	Ohro-Dino
Gewicht	4 t 728 kg		6 t 334 kg	3 t 506 kg	
Alter	226 Jahre	834 Jahre	567 Jahre		405 Jahre
Größe		30 m		21 m	16 m

❷

Wer bin ich?
Wenn du 2 · 200 rechnest und dann noch 5 addierst, weißt du mein Alter.
Name: ______

Wer bin ich?
Wenn du von 5 t das Doppelte von 136 kg subtrahierst, erhältst du mein Gewicht.
Name: ______

Wer bin ich?
Verdopple die Zahl 150. Dividiere sie nun durch 10. Jetzt weißt du meine Größe.
Name: ______

© 2008 Oldenbourg Schulbuchverlag GmbH

❶ Schreibe zu jedem Zahlenrätsel eine Rechenkette.

a) Ich dividiere meine Zahl durch 8, multipliziere das Ergebnis mit 9, addiere 28 und erhalte 100.

___ → (: 8) → (· 9 / : 9) → (+ 28 / – 28) → 100

b) Wenn ich zu meiner Zahl 75 addiere, vom Ergebnis 180 subtrahiere und dann durch 4 dividiere, erhalte ich 5.

___ → ( ) → ( ) → ( ) → ___

c) Ich denke mir eine Zahl, multipliziere sie mit 10, dividiere durch 2, addiere zum Ergebnis 198 und erhalte 248.

___ → ( ) → ( ) → ( ) → ___

d) Wenn ich meine Zahl mit 100 multipliziere, dann 393 subtrahiere und das Ergebnis mit 7 multipliziere, erhalte ich 49.

___ → ( ) → ( ) → ( ) → ___

❷ Welcher Zauberstab gehört zu welchem Hut?
Färbe die Hüte in der gleichen Farbe.

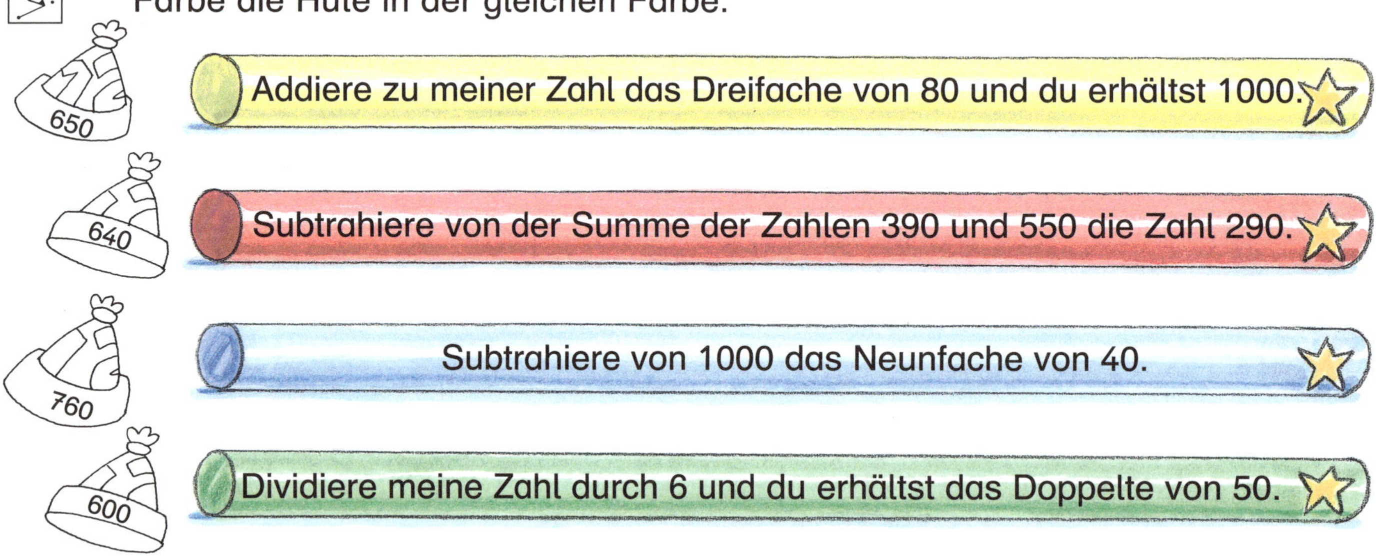

❸ Geheimschrift

© 2008 Oldenbourg Schulbuchverlag GmbH

❶ Vergleichsgewichte

_____ g _____ g _____ g _____ g _____ g

❷ Berechne die fehlenden Angaben.

Inhalt	1000 g	400 g		
Verpackung	50 g		60 g	94 g
Gesamtgewicht		600 g	560 g	108 g

❸ Zahlenrätsel

a) Wenn ich zu meiner Zahl 55 addiere und das Ergebnis verdoppele, erhalte ich 300.

☐ → ⊖ → ⊖ → ☐

b) Wenn ich meine Zahl mit 9 multipliziere und das Ergebnis halbiere, erhalte ich 45.

☐ → ⊖ → ⊖ → ☐

c) Wenn ich von meiner Zahl 400 subtrahiere, erhalte ich das Vierfache von 50.

☐ → ⊖ → ☐

❹ Rechne im Kopf.

8 · 40 = ____	9 · 30 = ____	6 · 40 = ____
8 · 60 = ____	9 · 70 = ____	6 · 90 = ____
36 : 4 = ____	56 : 7 = ____	24 : 8 = ____
360 : 4 = ____	560 : 7 = ____	240 : 8 = ____
360 : 40 = ____	560 : 70 = ____	240 : 80 = ____

❺ Rechne auf deinem Weg.

67 · 5 = ____	98 · 6 = ____	396 : 6 = ____	392 : 7 = ____

© 2008 Oldenbourg Schulbuchverlag GmbH

1

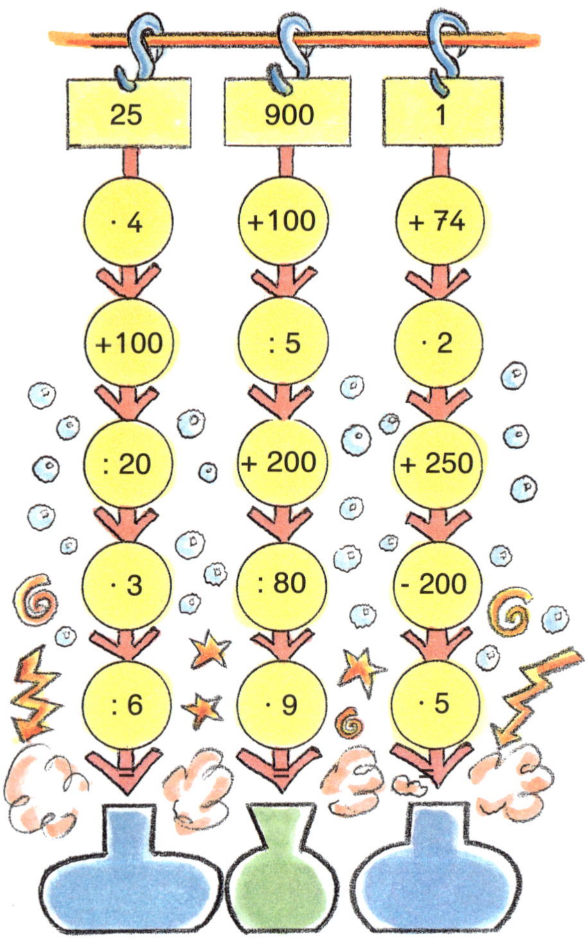

2

a)
```
  673
+ 288
-----
```

b)
```
  555
   91
+ 282
-----
```

c)
```
  931
-  55
-----
```

d)
```
  642
- 279
-----
```

e)
```
  963
- 216
-----
```

f)
```
  476
+ 353
-----
```

3

320 | 300 | 280 | | | | |

70 | 140 | 210 | | 350 | | 490 | |

| 90 | 99 | 108 | | | |

| | | 88 | 80 | 72 | | | |

| | | | | | 350 | 375 | 400

| | | | | | | 600 | 675 | 750

© 2008 Oldenbourg Schulbuchverlag GmbH

1 a)

Katharina will Einladungskarten für ihren Geburtstag basteln. Im Schreibwarenladen kauft sie 7 Bögen Tonpapier, 7 kleine Marienkäfer aus Holz, einen Klebestift und einen Bogen Moosgummi. Ein Bogen Tonpapier kostet 60 Cent, ein Holzkäfer kostet 20 Cent, der Klebestift kostet 1 Euro 50 Cent und der Bogen Moosgummi kostet 2 Euro. Sie überlegt, ob sie sich noch einen Leuchtstift für 3 Euro mitnehmen soll.

b)

Michael möchte zusammen mit seiner Mama Tischkärtchen für die Tauffeier seiner Schwester Alina basteln. Sie holen 10 Bögen weißes Tonpapier, einen Goldstift und einen Stempel mit einer Taube. Ein Bogen Tonpapier kostet 60 Cent, der Goldstift 3 Euro 50 Cent und der Stempel 4 Euro. Beim Hinausgehen sehen sie, dass es eine Packung mit fertigen Tischkärtchen für 11 Euro und 75 Cent gibt.

Zu welcher Geschichte passen folgende Fragen und Antworten?

	a	b
– Wie teuer ist das Bastelmaterial insgesamt?		
– Was muss sie bezahlen, wenn sie den Leuchtstift auch noch nimmt?		
– Wie viel kosten Tonpapier, Marienkäfer, Klebestift und Moosgummi zusammen?		
– Was kosten die selbst gebastelten Tischkärtchen?		
– Die Einladungskarten kosten 9 Euro 10 Cent.		
– Wie viel kostet es, wenn sie den Stempel nicht kaufen?		
– Die Tischkärtchen kosten 13 Euro 50 Cent.		
– Wie hoch ist der Gesamtbetrag?		
– Der Unterschied zwischen den selbstgebastelten Tischkärtchen und den fertigen beträgt 1 Euro 75 Cent.		
– Welche Tischkärtchen sind günstiger?		
– Alles zusammen kostet 12 Euro 10 Cent.		

2 Wie musst du die Geschichten ergänzen, damit folgende Antworten passen?

a) Katharina bekommt 90 Cent zurück.

b) Sie bekommen 6 Euro 50 Cent zurück.

© 2008 Oldenbourg Schulbuchverlag GmbH

Sachaufgabenwerkstatt

❶ Streiche alle Informationen weg, die du nicht zum Rechnen brauchst. Schau dir die Rechenfrage genau an.

Moritz ist 9 Jahre alt. Er ist ein begeisterter Radfahrer. Vor drei Tagen hat er mit seinem Vater eine neue Fahrradausrüstung gekauft. Das Rad kostete 390 Euro. Es ist blau mit roten Streifen. Er kaufte noch einen roten Helm für 35 Euro, einen Tacho für 17 Euro und ein Schloss für 8 Euro. Moritz freut sich sehr über das neue Rad und die schönen anderen Sachen. Zusammen mit seinen Freunden will er am Wochenende eine Radtour machen. Was kostete die Ausrüstung?

Löse die Aufgabe und schreibe eine Antwort.

❷ Unterstreiche alle für dich wichtigen Angaben.

Katharina und ihre Freundin liegen unter dem Sonnenschirm am Strand von Santo Stefano auf Sardinien. Sie freuen sich, endlich am Ziel ihrer Reise zu sein. „Wie lange waren wir unterwegs?", fragt Simone. Gemeinsam rechnen sie nach: „Um 7 Uhr sind wir von zu Hause losgefahren. Nach 2 Stunden haben wir die erste Rast eingelegt. Sie hat 30 Minuten gedauert. Danach sind wir wieder 2 Stunden gefahren. Dann war 1 Stunde Mittagspause. Die Fahrt ging weiter. Nach 2 Stunden waren wir in Mailand. Dann kam der schreckliche Stau. 1 Stunde lang standen wir wegen eines Unfalls auf der Autobahn. Bis nach Genua dauerte es dann noch einmal 3 Stunden. Wir mussten 3 Stunden und 30 Minuten warten, bis wir auf der Fähre waren. Die Fahrtzeit mit der Fähre dauerte 9 Stunden. Die letzten 2 Stunden Fahrt bis zu unserer Ferienwohnung vergingen dann ganz schnell. Wie lange waren wir jetzt eigentlich unterwegs?"

Rechne die Aufgabe und schreibe eine Antwort.

© 2008 Oldenbourg Schulbuchverlag GmbH

❶ Färbe immer drei zusammengehörende Begriffe gleich.
Wähle 2 Trios aus und erfinde dazu jeweils eine Rechengeschichte für die Sachaufgabenkartei.

Stückzahl: 7	Anzahl der Säcke: 9	Gesamtpreis:
Abfahrtszeit: 10.45 Uhr	Fahrtzeit: 2 Stunden 30 Minuten	Reststrecke:
Anzahl der Personen: 12	Preis der Ware: 49 € 75 ct	Ankunftszeit:
Einzelgewicht: 25 kg	Gefahrene km: 57	Gesamtgewicht:
Gegebenes Geld: 100 €	Eintrittspreis: 3 € 75 ct	Gesamtpreis:
Gesamtstrecke: 83 km	Preis pro Stück: 5 €	Rückgeld:

❷ Trage die fehlenden Begriffe ein. Welche Rechenzeichen passen?

Anzahl	◯	Einzelpreis	=	Gesamtpreis
1. Ausgabe	◯		=	Gesamtausgabe
Anzahl der Stunden	◯	Stundenlohn	=	
alter Preis	◯	Preisnachlass	=	
Anzahl der Kinder	◯	Anzahl der Erwachsenen	=	

© 2008 Oldenbourg Schulbuchverlag GmbH

❶ Josua und Noah haben Erdbeeren gegessen. Noah aß 4 mehr als Josua. Insgesamt waren es 14.
Vervollständige die Skizze und rechne.

Antwort: ______________________

❷ Zeichne zu jeder Aufgabe eine Skizze und schreibe eine Antwort.

a) Lea und Noah haben zusammen 18 Murmeln. Lea hat 4 weniger als Noah.

Antwort: ______________________

b) Lea und Josua haben zusammen 12 Kuscheltiere. Lea hat doppelt so viele wie Josua.

Antwort: ______________________

c) Josua, Lea und Noah haben zusammen 14 Spielzeugautos. Lea und Noah haben gleich viele, Josua hat zwei mehr.

Antwort: ______________________

© 2008 Oldenbourg Schulbuchverlag GmbH

Diese Aufgaben haben sich Kinder einer 3. Klasse ausgedacht.
Löse die Aufgaben.
Fertige zu jeder Aufgabe eine Zeichnung an.

❶ *In einem Kuhstall leben Spinnen und Fliegen. Zusammen sind es 7 Tiere und miteinander haben sie 50 Beine. Wie viele Spinnen und wie viele Fliegen sind es?*

Antwort:

❷ *„Nacktschnecken sind eine Plage für die Gartenbesitzer", jammert Herr Meier. Damit seine Pflanzen vor ihnen sicher sind, hat er sich etwas einfallen lassen. Er hat einen Stapel von 12 Brettern aufgeschichtet und die Töpfe mit den Pflänzchen daraufgestellt. Da hat er eine interessante Beobachtung gemacht: Eine Schnecke schaffte in einer Stunde 5 Bretter. Danach war sie so erschöpft, dass sie sich eine Stunde lang ausruhen musste. Dabei ist sie wieder 4 Bretter hinuntergerutscht. Jetzt wollte Herr Meier natürlich wissen, wie lange die Schnecke braucht, um das oberste Brett des Stapels zu erreichen.*

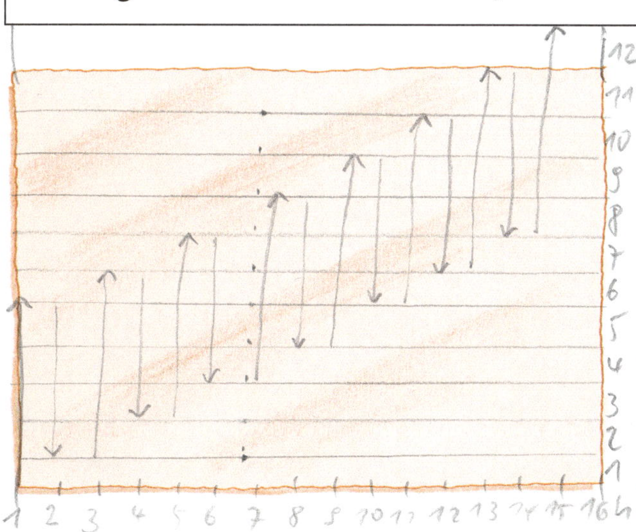

Antwort:

© 2008 Oldenbourg Schulbuchverlag GmbH

Basiswissen
Die Zahlen bis 1000

❶ Zahlen darstellen

sprechen	T	H	Z	E	zeichnen	zerlegen
zweihundertfünf		2	0	5	■ ■ •••••	205 = 200 + 5
sechshundert-neunzehn						
siebenhundert-neunundachtzig						
eintausend						

❷

701									
									740
									800

Aus dem Tausenderleporello:

a) Trage alle Zahlen mit 5 Einern ein.

b) Trage alle Zahlen mit 9 Zehnern ein.

c) Trage die Zahlen in die grauen Felder ein.

❸

H	Z	E
●●●●●●	●●	●●●●

a) Die Zahl heißt ____ .

b) Du darfst 1 Plättchen jeweils dazulegen. Welche Zahlen können entstehen?

____

❹

H	Z	E
●●●	●●●●	●●

a) Die Zahl heißt ____ .

b) Du darfst 1 Plättchen jeweils verschieben. Welche Zahlen können entstehen?

____

❺ Wie heißt die Zahl?

a) Die Zahl hat 6 Hunderter, 9 Einer und einen Zehner.

____

b) Die Zahl hat 4 Einer, doppelt so viele Zehner und halb so viele Hunderter wie Einer.

____

c) Die Zahl hat 2 Zehner und 3-mal so viele Hunderter.

____

© 2008 Oldenbourg Schulbuchverlag GmbH

Die Zahlen bis 1000

1 Ordne diese Zahlen der Größe nach:
97, 907, 997, 79, 709, 799, 999, 17, 9, 271

____, ____, ____, ____, ____, ____, ____, ____, ____, ____

2 Trage die Nachbarzahlen ein.

Vorgänger	Zahl	Nachfolger
	600	
	246	
	999	
	360	

3

a) Wie heißt die kleinste 3-stellige Zahl?

____

b) Wie heißt die größte 3-stellige Zahl?

____

4 Setze die Zahlenreihen fort.

a) 191, 194, 197, ____, ____, ____, ____, ____ 215.

b) 876, 882, 888, ____, ____, ____, ____, ____, 924.

c) 418, 410, 402, ____, ____, ____, ____, ____, 354.

5 Vergleiche.

a) 839 ◯ 893
268 ◯ 208
513 ◯ 531

b) 1001 ◯ 101
92 ◯ 902
347 ◯ 340

c) 5H 2Z 6E ◯ 526
860 ◯ 8Z 6H
6H 9Z 1E ◯ 196

6 Ergänze.

a)

500	
240	
475	
	310
199	
	105

b)

1000	
650	
280	
	410
	20
875	

c)

700	
390	
625	
	540
	110
599	

© 2008 Oldenbourg Schulbuchverlag GmbH

Basiswissen
Addieren und subtrahieren

1 Kopfrechnen

a) 436 + 3 = ____
872 + 8 = ____

b) 428 + 40 = ____
801 + 70 = ____

c) 600 + 287 = ____
315 + 500 = ____

d) 539 – 7 = ____
427 – 5 = ____

e) 244 – 10 = ____
345 – 30 = ____

f) 672 – 600 = ____
944 – 200 = ____

2 Ergänzen

a) 127 + ____ = 130
127 + ____ = 200
127 + ____ = 1000

b) 432 + ____ = 440
432 + ____ = 500
432 + ____ = 1000

c) 341 + ____ = 350
341 + ____ = 400
341 + ____ = 1000

d) 698 + ____ = 700
698 + ____ = 1000

e) 586 + ____ = 600
586 + ____ = 1000

f) 293 + ____ = 300
293 + ____ = 1000

3 Schriftlich addieren

	285	519	609	489	543
+	324	214	215	122	457

4 Schriftlich subtrahieren

	634	725	543	986	1000
–	321	216	152	297	245

5 Zahlenrätsel

Wenn ich von meiner Zahl 192 subtrahiere und dann die Hälfte von 96 addiere, erhalte ich 212.

Die Zahl heißt ____ .

© 2008 Oldenbourg Schulbuchverlag GmbH

Multiplizieren und dividieren

❶ Kreise die Zahlen ein, die keine Einmaleinszahlen sind.

12 25 19 21 47 48 49 63

❷ Kannst du das Einmaleins?

a)

3 · 9 = ____	4 · 8 = ____	7 · 5 = ____	9 · 3 = ____
4 · 7 = ____	4 · 6 = ____	7 · 10 = ____	9 · 6 = ____
5 · 5 = ____	4 · 4 = ____	7 · 7 = ____	9 · 9 = ____

b)

24 = 3 · ____	42 = 6 · ____	32 = 4 · ____	20 = 5 · ____
48 = ____ · 8	36 = ____ · 6	16 = ____ · 4	40 = ____ · 10
56 = 7 · ____	24 = 6 · ____	40 = 4 · ____	60 = 10 · ____

c)

5 · 8 = ____	3 · 7 = ____	7 · 4 = ____	9 · 5 = ____
5 · 80 = ____	3 · 70 = ____	7 · 40 = ____	9 · 50 = ____

❸ Geteiltaufgaben

a)

72 : 9 = ____	48 : 8 = ____	54 : ____ = 6	63 : ____ = 9
36 : 9 = ____	24 : 8 = ____	45 : ____ = 9	56 : ____ = 8

b)

360 : 10 = ____	450 : 10 = ____	1000 : 10 = ____	400 : 10 = ____
360 : 60 = ____	450 : 50 = ____	1000 : 20 = ____	400 : 80 = ____
380 : 60 = ____	490 : 50 = ____	1000 : 70 = ____	400 : 90 = ____

❹ Zahlenrätsel

Wenn ich meine Zahl mit 60 multipliziere und anschließend durch 9 teile, erhalte ich 40.

Die Zahl heißt ____ .

© 2008 Oldenbourg Schulbuchverlag GmbH

Basiswissen
Sachsituationen

❶ Ergänze den Text sinnvoll mit den Angaben von unten.

Stefan macht mit seinem Vater eine Fahrradtour zum Schönsee. Um ________ geht es los. Sie radeln in ________ eine Strecke von ________, dann machen sie eine kurze Pause. Sie dauert ________. Gestärkt machen sie sich an die restliche Strecke, die ______________ ist wie das erste Stück.
Um __________ kommen Sie am See an. ______ schwimmen und spielen sie am See. Dann geht es zurück. Sie machen wieder nach der ________ der Strecke ________ Pause. Weil sie aber müde sind, brauchen sie für den Rückweg 30 Minuten länger.

3 h | 10 km | 15 min | 8:30 Uhr | 30 min

genauso lang | Hälfte | 9:45 Uhr | 15 min

❷ Wie lange brauchen sie für den Hinweg zum See?

Abfahrt ____ Uhr → + ____ min → ( ) → + ____ min → Ankunft See ____ Uhr

Antwort: ____

❸ Wie lange brauchen sie für den Rückweg? Wann kommen sie zu Hause an?

Abfahrt See ____ Uhr → ( ) → ( ) → ( ) → ( ) → [ ]

Antwort: ____

____

❹ Wie viele Kilometer sind sie geradelt?

Antwort: ______________________

© 2008 Oldenbourg Schulbuchverlag GmbH

Speisekarte	
Getränke	**Suppen**
Saft 2 € Schorle 1,50 €	Nudelsuppe 2,50 €
Wasser 1,50 € Bier 2,50 €	Tomatensuppe 3,00 €
Hauptgerichte	
Schnitzel mit Beilagen 8,50€	Frische Forelle 11,80 €
Schweinebraten mit Knödel und Krautsalat 8,00 €	Halbes Hähnchen mit Pommes frites 7,50 €
Spaghetti Bolognese 6,50 €	Salatplatte 7,00 €
Dessert	
Gemischtes Eis 2,50 €	Apfelkuchen 3,00 €

❶ Stefan und sein Vater haben Hunger und Durst. Das wollen sie bestellen:

Wie viel müssten sie bezahlen?

Bestellung	Rechnung
Schorle	
Bier	
Tomatensuppe	
Schnitzel mit Beilagen	
Frische Forelle	
Gemischtes Eis	
Summe	

❷ Im Gasthof stellt der Vater fest, dass er nur 20 € mitgenommen hat. Auf ein Hauptgericht wollen beide nicht verzichten und sie sind sehr durstig. Sie überlegen sich deshalb diese Bestellung:

Bestellung	Rechnung
Schorle	
Wasser	
Halbes Hähnchen mit Pommes	
Spaghetti Bolognese	
Apfelkuchen	
Summe	

❸ Dann hat Vater noch eine Idee. Er meint: "Ich bin mit der Salatplatte und einer Schorle zufrieden. Vielleicht können wir ja geschickt bestellen, so dass du noch ein Eis bekommen kannst." Stefan überlegt kurz, dann weiß er, was er bestellen will.
Was würdest du an seiner Stelle bestellen?

Antwort: ______________________

© 2008 Oldenbourg Schulbuchverlag GmbH

Basiswissen
Zeit

❶

☀	*7.21* Uhr	___ Uhr	___ Uhr	___ Uhr	___ Uhr
☾	*19.21* Uhr	___ Uhr	___ Uhr	___ Uhr	___ Uhr

❷

7.30 Uhr 9.45 Uhr 13.46 Uhr 16.17 Uhr 20.12 Uhr

❸

Ergänze auf 1 min.	Ergänze auf 1 h.	Rechne um.	Rechne um.
45 s + ___ s = 1 min	15 min + ___ min = 1 h	4 min = ___ s	100 s = ___ min ___ s
55 s + ___ s = 1 min	25 min + ___ min = 1 h	4 min 20 s = ___ s	300 s = ___ min ___ s
5 s + ___ s = 1 min	57 min + ___ min = 1 h	6 min 40 s = ___ s	800 s = ___ min ___ s

❹ Berechne die Fahrzeiten oder die Abfahrts- und Ankunftszeiten.

Abfahrt Düsseldorf	Ankunft Frankfurt	Fahrzeit
8.08 Uhr	9.48 Uhr	
8.26 Uhr	10.13 Uhr	
8.26 Uhr	11.13 Uhr	
	10.41 Uhr	1 h 53 min
	10.30 Uhr	1 h 38 min
10.22 Uhr		1 h 51 min

❺ Berechne die Länge der Sommerferien in Tagen.

Belgien	1.7. – 31.8.	___
Finnland	2.6. – 19.8.	___
Frankreich	4.7. – 3.9.	___
Island	4.6. – 31.8.	___
Österreich	7.7. – 8.9.	___
Türkei	19.6. – 18.9.	___

© 2008 Oldenbourg Schulbuchverlag GmbH

1 Ordne zu:

2 g	20 g	500 g	5 kg	70 kg	5 t

2 Berechne das Gesamtgewicht oder finde passende Gewichte.

100 g	200 g	200 g	500 g	1 kg	2 kg	2 kg	zusammen
		X	X	X			
X	X		X	X			
	X	X		X	X		
		X		X	X	X	
							2700 g
							6 kg

3

Ergänze auf 1 kg.
307 g + ____ g = 1kg
370 g + ____ g = 1kg
37 g + ____ g = 1kg

Ergänze auf 1 t.
850 kg + ____ kg = 1 t
85 kg + ____ kg = 1 t
805 kg + ____ kg = 1 t

Rechne um.
1,2 t = ____ kg
1,02 t = ____ kg
0,12 t = ____ kg

Rechne um.
0,4 kg = ____ g
0,44 kg = ____ g
4,4 kg = ____ g

4 a) Fritz und Tina sind zusammen genauso schwer wie Sara und Tom. Sara ist genau 1 kg schwerer als Tom. Tina ist 9 kg leichter als Fritz. Fritz wiegt 41 kg und ist damit der schwerste. Wie schwer sind Tina, Sara und Tom?

Antwort: ______________________________

b) Marie ist halb so schwer wie ihre Mutter. Zusammen wiegen sie 87 kg. Wie schwer ist Marie, wie schwer ihre Mutter?

Antwort: ______________________________

© 2008 Oldenbourg Schulbuchverlag GmbH

Basiswissen
Längen

1 Ordne zu:

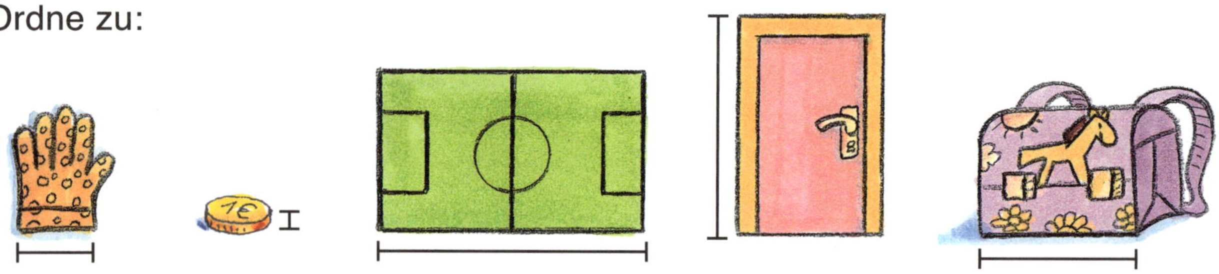

2 mm | 10 cm | 60 cm | 2 m | 100 m

2 a) Zeichne:

Ein Quadrat.
Die Seitenlänge beträgt 4,5 cm.

Ein Rechteck.
Die Seitenlängen betragen 6 cm und 3 cm.

b) Zerlege jede Figur in 4 gleich große (deckungsgleiche) Dreiecke.

3

Wie weit ist es von...

Köln nach Mainz ____ km
Köln nach Frankfurt ____ km
Köln nach Bonn ____ km

Bonn nach Mainz ____ km
Bonn nach Frankfurt ____ km
Mainz nach Frankfurt ____ km

4

Rechne um:	Rechne um:	Ergänze auf 1 km.	Ergänze auf 1 m.
3,3 m = ___ cm	4,2 km = _____ m	988 m + ___ m	12 cm + ___ cm
3,03 m = ___ cm	4,02 km = _____ m	98 m + ___ m	20 cm + ___ cm
0,3 m = ___ cm	54,2 km = _____ m	980 m + ___ m	1,2 cm + ___ cm

© 2008 Oldenbourg Schulbuchverlag GmbH

Basiswissen
Geld

❶ Ordne zu:

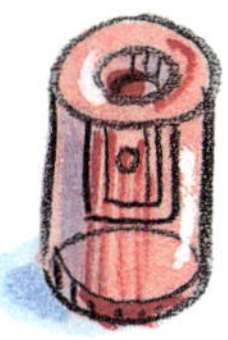

0,50 € | 2 € | 15 € | 50 € | 200 € | 1000 €

❷ Berechne das Rückgeld.

4,95 € | 16,89 € | 12,48 € | 73,89 €

bezahlt mit	10 €	20 €	15 €	90 €
Rückgeld				

❸

Ergänze auf 1€

50 ct + ___ ct = 1 €
55 ct + ___ ct = 1 €
5 ct + ___ ct = 1 €

Ergänze auf 10 €.

4,04 € + ___ € = 10 €
4,40 € + ___ € = 10 €
0,44 € + ___ € = 10 €

Rechne um.

4,14 € = ___ ct
0,44 € = ___ ct
4,04 € = ___ ct

Rechne um.

87 ct = ___ €
870 ct = ___ €
807 ct = ___ €

❹ Welche Scheine könnten es sein?

400 € | 350 € | 100 €

Welche Münzen könnten es sein?

1,55 € | 5,71 € | 0,46 €

© 2008 Oldenbourg Schulbuchverlag GmbH

Basiswissen
Körper und Lagebeziehungen

1 Ergänze die Steckbriefe.

Gesucht: Pyramide
Ecken: ___
Kanten: ___
Flächen: ___
Quadrate: ___
_______ : ___

Gesucht: ________
Ecken: 8
Kanten: ___
Flächen: ___
Quadrate: ___

Gesucht: ________
Ecken: 0
Kanten: ___
Flächen: 3
____
____

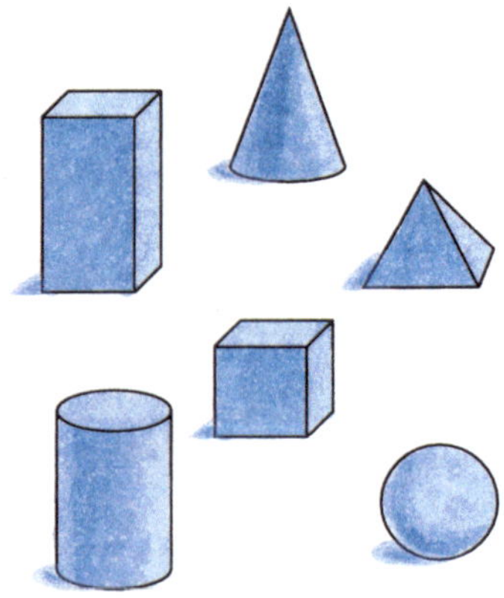

2 Von welchen Körpern wurden hier Abdrücke gemacht?

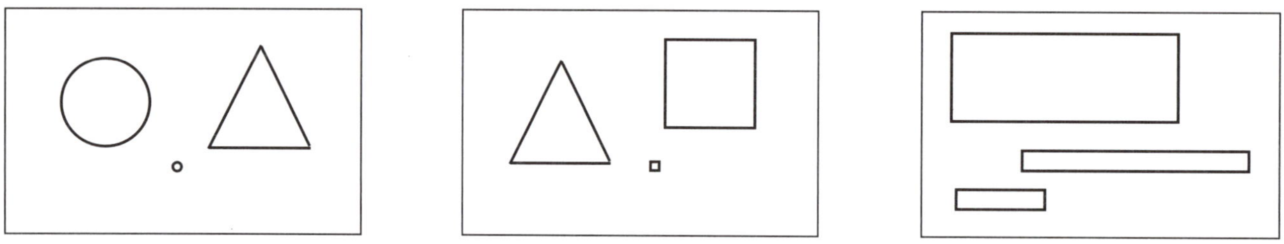

__________ __________ __________

3 Welche Kamera hat welches Foto gemacht?

4 Welche Netze sind Würfelnetze? Male sie gelb an.

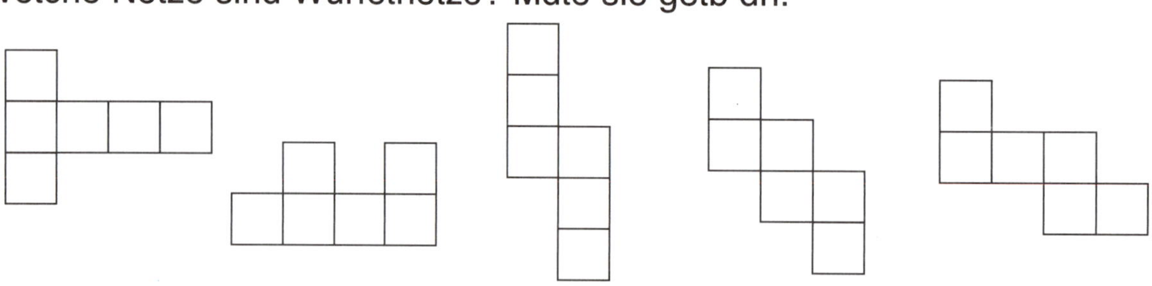

© 2008 Oldenbourg Schulbuchverlag GmbH

❶ Wie viele Spiegelachsen haben die Figuren? Zeichne sie ein.

Spiegelachsen ____ ____ ____ ____ ____

❷ Ergänze die Figuren symmetrisch.

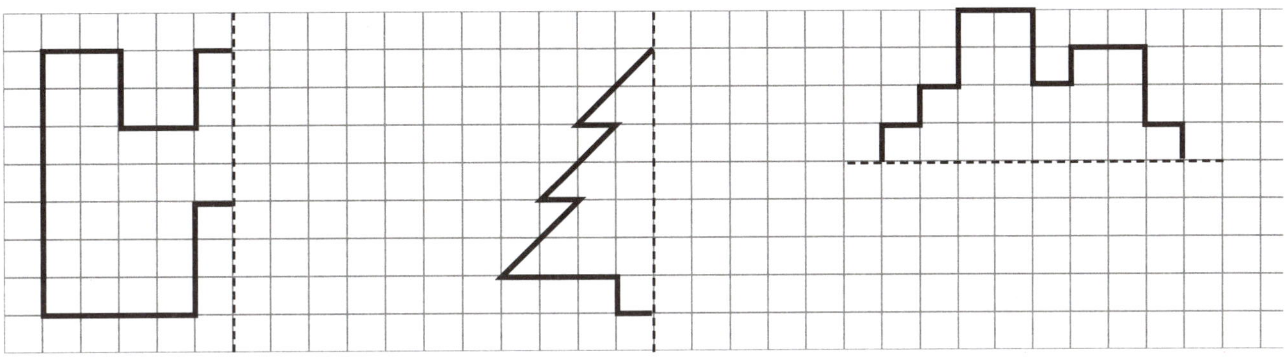

❸ Setze die Muster fort.

❹ Bestimme den Flächeninhalt.

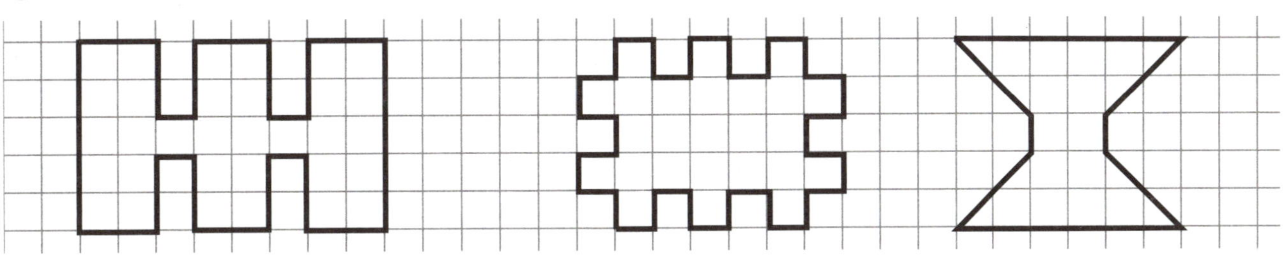

____ Kästchen ____ Kästchen ____ Kästchen

© 2008 Oldenbourg Schulbuchverlag GmbH

❶ An einer Schule wurden 98 Schüler gefragt, welches ihr Lieblingsfach ist.
Hier ist das Ergebnis der Umfrage.

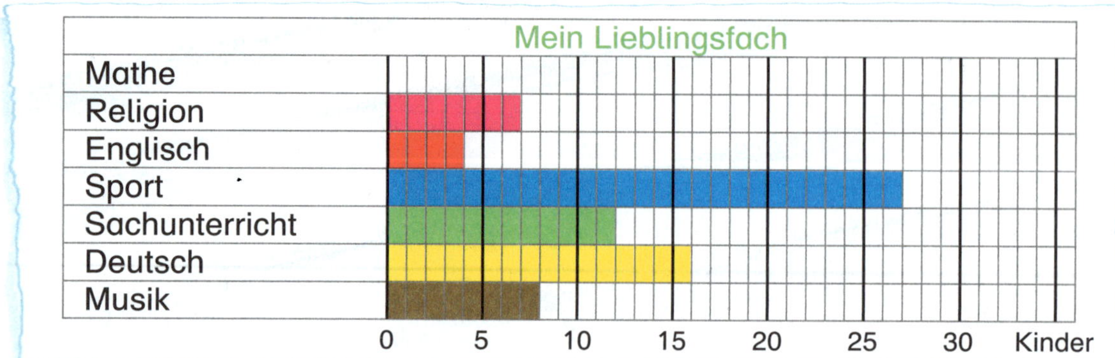

a) Wie viele Schüler haben als Lieblingsfach Mathematik angegeben?
Rechne und zeichne ins Schaubild ein.

b) Welches ist das beliebteste Fach?

____

c) Welches Fach wurde am seltensten genannt?

____

d) Welche Aussagen stimmen? Kreuze an ☒

☐ Musik ist das beliebteste Fach.

☐ Doppelt so viele Kinder haben Musik als Lieblingsfach wie Englisch.

☐ Deutsch machen die Kinder lieber als Sachunterricht.

☐ Von 25 Kindern ist Sport das Lieblingsfach.

© 2008 Oldenbourg Schulbuchverlag GmbH